여기서는 그대 신을 벗어라

대한민국 종교건축 취재기

여기서는 그대 신을 벗어라

글·사진 **임광명**

클리어마인드

prologue

교회나 사찰 등 종교건축은 본질적으로 다른 건축과는 다르다. 거기에서는 거룩함과 세속적인 것, 영원함과 무상함이 서로 만난다. 신 혹은 절대자를 향한 예배의 공간일 뿐만 아니라 기쁨이나 슬픔, 고통과 환희 등 모든 인간적 관심사를 해소하는 안식의 공간이기도 하다. 무엇보다, 영성이나 깨침과 같은 종교적 이상을 시각적으로 구현하면서 당대의 최고 지성과 고도의 기술이 속에 갈무리돼 있다.

2009년 한 해는 개인적으로 행복했다. 그런 최고 지성과 기술이 갈무리된 종교건축물들을 맘껏 즐길 수 있었기 때문이다. 전국의 종교건축물이야 수를 헤아릴 수 없이 많지만 그 중 38곳을 선정해 미리 관련 자료를 챙기고 자문을 구한 뒤에 현장을 답사했다.

애초에 마음먹은 것은 이렇다. 사람 마음은 본래 간사한 것이라 신앙과 구도의 길에서도 흔들리기 마련. 그 길에 불변의 것은 없을까 고민하다 시간의 제약에서 자유로운 건축에 마음을 빼앗겼다. 사람들은 저런 건물을 올리면서 무슨 마음을 가졌던 걸까? 하나하나의 문양과 조각을 통해 그들은 무엇을 보여주고자 했던 걸까? 말없이 서 있는 저 건축물에서 우리는 무엇을 보고 읽고 느껴야 하는 걸까? 그런 물음을 던지고 스스로 답을 찾아 헤맸다.

그렇게 보면 전국의 사찰과 성당, 교회, 성지를 둘러볼 수 있는 기회를 가진 것은 행운이었다. 수많은 법문과 설교, 강론에서도 얻을 수 없었던 무언의 가르침,

종교적 희열 따위를 얻고 즐길 수 있었던 것이다. 가능하다면, 우리나라 이외 세계 곳곳의 종교건축물들의 세계에 흠뻑 빠져볼 수 있으면 좋으련만. 지금으로서는 기대난망의 욕심이지 싶다.

여하튼 크게 돈 될 것 같지 않은 이런 주제와 글 쓰기의 책을 발간하자며 격려해 준 오세룡 클리어마인드 대표께 감사드린다. 지금에서 솔직히 고백하자면, 이렇게 책으로 낼 만한 정성과 애착을 들인 결과물인지 스스로 의심되고, 그래서 부끄럽다. 이미 비슷한 유의 서적들이 간간이 출간됐음을 생각할 때 그 서적들과의 차별성에도 크게 자신을 갖지 못한다.

출가한 종교인도 아니고, 또 건축학도 전공하지 않은 이로서 각 건축물에 대해 정밀한 감식이나 비평은 애초에 불가능했다. 순전히 개인적인 관심과 욕심에서 종교건축물들을 답사했고, 감상대로 글을 풀어냈다. 그 때문에 여기서 내용의 적실 여부를 판가름하는 것은 의미가 없으리라. 단지 종교에 무언가를 기대하고 있는 작은 존재가 그 기대를 충족하고픈 갈망에 이리저리 찾아다닌 결과물일 뿐이라 여겨주면 감사할 일이겠다.

돌아보면 아쉬움도 크다. 시간이 조용할 때 책에 실린 곳곳의 건축물들을 다시 한 번 꼼꼼히 둘러보고자 한다.

2010년 6월 임광명 쓰다.

CONTENTS

마음 쉴 곳을
찾아 헤매다

부산 구덕교회_ 깔끔한 절제와 진중한 함축을 담다 _____ 12

부산 안국선원_ 지혜의 눈을 형형하게 밝혀 놓다 _____ 18

부산 수영로교회_ 복음화를 이끄는 익투스가 되다 _____ 26

대한성공회 부산주교좌성당_ 전통과 현대를 잇는 가교가 되다 _____ 31

부산 범어사 팔상독성나한전_ 세 불전을 하나로 꿰다 _____ 37

부산 남천성당_ 빛과 색의 향연에 취하다 _____ 43

부산 홍법사 대웅전_ 둥글게 차별없이 세상을 끌어안다 _____ 50

이슬람 부산성원_ 엄숙한 직선과 부드러운 곡선으로 말하다 _____ 58

부산 구포성당_ 곡선이 직선의 날카로움을 녹이다 _____ 65

마음이 머무는 곳
발길이 머무는 곳

마산 천주교 양덕주교좌성당_ 김수근의 역작, 바위산에 핀 수정꽃 _____ 72

양산 통도사 금강계단과 대웅전_ 불법(佛法)은 사방으로 열려 있음이라 _____ 77

경산 경산교회_ 영혼을 흔드는 찬미와 영광의 빛 _____ 84

울산 언양성당_ 순교성지에 세워진 신앙의 혼 _____ 90

울산 꽃바위성당_ 자연을 닮음으로써 하느님에게 다가서다 _____ 96

고성 천사의 집 성당_ 삼각추와 원통의 어우러짐에서 얻는 미학 _____ 101

경주 불국사 범영루_ 날아갈 듯 팔작의 지붕을 하늘에 펼치다 _____ 106

경주 천도교 용담정_ 하늘로부터 가르침을 얻어 도를 펼치다 _____ 112

김천 평화성당_ 영원과 무상이 함께 만나다 _____ 119

영주 풍기동부교회_ 새 하늘과 새 땅을 향한 요한계시록의 구현 _____ 124

영주 부석사_ 불교 건축의 영원한 고전으로 통하다 _____ 130

안동 봉정사 영산암_ 허(虛)의 미학, 비움으로써 채우다 _____ 137

CONTENTS

세상을 품은 아름다운 자비

순천 송광사 우화각 · 능허교_ 불국(佛國)으로 가는 다리 _____ 144

전주 전동성당_ 고색이 창연한 아름다운 자비 _____ 151

전주 서문교회_ 백 년의 역사가 어찌 가벼울까 _____ 158

영광 원불교 영산성지_ 깨닫기 위해 근본으로 다시 돌아가자 _____ 162

구례 화엄사 각황전_ 땅과 산과 하늘이 서로 조응하며 에우다 _____ 168

익산 나바위성당_ 한옥 기와와 고딕 첨탑이 어우러지다 _____ 175

익산 원불교 중앙총부 대각전과 소태산기념관_ 텅 비어 청정한 일원의 진리에 어울리다 ____ 182

가세 가세 함께 가세
저 피안의 세계로

보은 법주사 팔상전_ 탑인가, 전인가, 아름다운 법이 머무는 곳 _____ 190

원주 만종감리교회_ 한없이 낮아진 교회, 직접 다가감으로써 몸으로 느끼다 _____ 197

횡성 풍수원성당_ 마룻바닥에 꿇어 앉아 미사를 올리다 _____ 204

대한성공회 서울주교좌성당_ 로마네스크 양식, 한국 풍토와 어울리다 _____ 210

고양 풀향기교회_ 빛, 바람, 소리를 담은 수상한 지하의 교회 _____ 219

대한성공회 강화읍성당_ 전통 한옥으로 지어진 현존 최고(最古)의 성당 _____ 226

안성 천주교 미리내성지_ 온 삶을 내던져 신앙을 지키다 _____ 233

제주도 지니어스 로사이_ 바람과 돌, 바다를 안고 삶을 성찰하라 _____ 241

제주도 강정교회_ 오름, 하늘오름이라고 부르고 싶다 _____ 250

제주도 약천사 대적광전_ 보시한 이들의 공덕을 예찬하다 _____ 256

대한민국
종교건축 취재기

마음
쉴
곳을
찾아
헤매다

부산 구덕교회_ 부산 안국선원_
부산 수영로교회_ 대한성공회 부산주교좌성당_
부산 범어사 팔상독성나한전_ 부산 남천성당_
부산 홍법사 대웅전_ 이슬람 부산성원_
부산 구포성당_

깔끔한 절제와 진중한 함축을 담다

부산 구덕교회

    부산 출신의 건축가로 승효상이 있다. 건축연구소 이로재 대표인데, 건축가로서는 처음으로 2002년 국립현대미술관 '올해의 작가'로 선정될 만큼 현 한국 건축계를 대표하는 인물이다. 그가 부산에 설계한 교회가 있다. 구덕교회다.

    1951년 설립된 구덕교회와 승효상의 인연은 각별하다.

    "대학생활을 하기 전까지 부산에서 지냈지만, 사실 부산이라기보다 한 교회에서 지냈다고 봐야 할 정도로 나의 어린 시절은 교회와 뗄 수 없는 관계"라고 그는 밝혔는데, 그 교회가 구덕교회다. 부친이 교회 설립에 직접 관여했으며, 집도 교회와 담벼락을 마주하는 곳이었다. "절대적인 기독교 신앙을 바탕으로 내 성정을 키웠고, 칼비니즘은 내 정신이었다"고 그는 어느 매체를 통해 말했다.

    그런 그가 구덕교회 새 성전의 설계를 맡았던 것이다. 새 성전은 2008년 5월 준공됐는데, 지하 3층·지상 7층, 연면적 5천411㎡ 규모의 철근 콘크리트 구조로 지어졌다. 외형이 여느 교회와 확연히 다르다. 뾰족한 첨탑에 십자가가 높게 올라간 그런 모습이 아니다.

밖이 그런 것처럼 예배당 안도 절제됨으로써
깔끔한 모습을 보여준다. 전면 설교대 뒤 벽면이 그렇다.
콘크리트를 그대로 노출시켜 놓았는데,
중앙이 아닌 우측 상단에 자연채광 창을 내 놓았다.
그 자연의 빛 안에 십자가를 모셨다.

평소 '빈자(貧者)의 미학'이라거나 '기독교적 금욕주의'를 내세우며 자신만의 담론을 고수해 온 승효상의 건축은 깔끔한 절제와 진중한 함축을 특징으로 한다.

노출 콘크리트와 현무암, 티타늄, 유리 등의 소재를 적극 활용한 구덕교회의 모습에는 수직선과 사선의 교차가 엄격하다. 도회의 세련됨이다. 가운데 널찍한 마당을 사이에 두고 앞에는 세로로 긴 7층 높이의 교육관, 뒤에는 그보다 낮지만 육중한 예배당 건물을 두었다.

옆에서 보면 거대한 백조의 형상이다. 교육관 건물의 꼭대기 층은 앞으로 약간 기울어져 있어 백조의 머리를, 본당 건물은 백조의 몸통을 연상시킨다. 백조는 서양 문화에서 신성을 상징하는 동물이다. 구덕교회는 신성을 건축으로 구현한 것이다.

따로 대문 없이 밖으로 열려 있는 구덕교회 진입부. 안과 밖이 하나다.

또 어떻게 보면, 모세가 그랬던 것처럼, 한 위대한 선지자가 앞장서 무리를 이끌고 광야로 나서는 모습이다. 구덕교회가 부산에서 60년 가까운 역사를 이어오면서 가지게 된 위상을 상징한다 하겠다.

승효상은 '교회 건축'과 '교회적 건축'은 다르다고 했다. 대충 지은 건물에 뾰족탑을 올리고 붉은 네온의 십자가를 세우면 '교회 건축'은 될 수 있겠지만 '교회적 건축'은 아니라는 것이다.

그에게 '교회적'인 것은 사람에게 열려 있는 것이다. 교회 건축은 "근본적으로 신을 감동시키는 건축이 아니라 인간을 감동시키는 건축"이 돼야 한다는 것이다. 아무리 으리으리한 규모에 화려한 색채와 문양으로 장식한다고 해도 굳게 담벼락 치고 대문을 닫은 자세는 결코 교회적이지 않다는 것이다. 사람을 감동시켜 사람을 선하게 만드는 것. 교회를 통한 구원이란 결국은 그를 이르는 것일 테다.

구덕교회는 대문이 따로 없다. 1층 진입 마당은 그냥 밖으로 열려 있다. 그 마당을 가로질러 왼편에 길게 둘러져 있는 계단을 통해 2층 데크를 지나 예배당으로 향하게 돼 있다. 1층 마당과 2층 데크는 사람들이 모이고 대화를 나누는 공간이다. '신의 부르심을 받는 은총'을 거기서 느낄 법도 하다.

승효상은 어릴 적을 회고하기를 "교회 앞의 다소 경사진 길을 따라 올라 햇살

15

옆에서 보면 거대한 백조의 형상이다.
교육관 건물의 꼭대기 층은 백조의 머리를,
본당 건물은 백조의 몸통을 연상시킨다.

가득찬 교회 마당을 보는 느낌은 언제나 따스한 것이었고 평화였다"고 한다. 그 어릴 적 느낌을 현재의 구덕교회에 그대로 옮겨 놓으려 했음이 틀림없다. 열린 교회 안으로 들어서면서 만나는 마당, 이어지는 경사진 계단, 2층에서 만나는 또 다른 마당인 데크, 마침내 성전의 문을 열면서 보게 되는 빛의 성스러움……. 굳이 무릎 꿇고 손 모아 기도하지 않아도 예배당으로 향하는 그 여정이 좋은 것이다.

밖이 그런 것처럼 예배당 안도 절제됨으로써 깔끔한 모습을 보여준다. 전면 설교대 뒤 벽면이 그렇다. 콘크리트를 그대로 노출시켜 놓았는데, 중앙이 아닌 우측 상단에 자연채광 창을 내 놓았다. 무심한 표면에 모던하면서도 강렬한 포인트를 준 것이다.

그 창은 단순히 사각의 구멍을 내 놓은 것이 아니라, 아래에서 위로 갈수록 비스듬히 안쪽으로 들어가게 해 놓아 그를 통해 햇살이 세로로 길게 아래쪽으로 내려오게 의도해 놓았다. 그 가운데 십자의 구조물을 설치해 놓았는데, 자연의 햇살을 후광으로 가진 십자가상이 여느 교회 예배당의 십자가들에서 느끼지 못하는 신비를 전해 준다.

회중석 좌우의 측벽은 자작나무 합판으로 마감했는데, 일면 규칙적이면서도 길이나 폭 등이 다 다르다. 합판과 합판 사이에는 예배당 내에서 발생하는 여러 소리들을 공명시키거나 흡수하는 역할을 하는 세로로 긴 직선의 홈들이 나 있는데, 간헐적으로 그 홈들을 햇살 끌어들이는 창으로 활용해 놓았다. 합판과 홈, 채광창들이 어우러진 그 모습이 질서정연하면서도 마치 음표들이 악보 위에서 자유분방하게 춤추는 것처럼 묘하게 율동적이다.

구덕교회 담임을 맡고 있는 김상묵 목사는 그런 모습에 대해 "딱딱하고 관습적인 교회의 모습을 탈피했다는 점에서, 또 순수하면서도 현대적 건축의 아름다움을 최대한 추구했다는 점에서 자부심을 갖게 한다"고 말한다.

하지만 구덕교회의 아름다움은 그런 외적인 면보다는 건축가 승효상이 심고자 했던 내적인 그 무엇에서 더 빛을 발한다. 그 무엇은 "우리를 선하게 하고 진실되게 하며 연대하게 하는 건축"인데, 진실로 교회의 위엄은 그런 데서 나오는 법이다. 하늘을 찌르는 오만과 과장, 허위의 위엄과는 비교할 수 없는 참위엄인 것이다.

승효상은
1952년 부산 출생. 경남고를 거쳐 서울대 건축학과와 동대학원을 졸업하고, 스위스 비엔나 공과대에서 수학했다. 15년간 김수근 문하를 거쳐 1989년 자신의 사무소인 이로재를 개설했다. 1990년대 초반 '우리 시대 우리의 건축'을 표방했던 4·3그룹과 사회적 건축운동을 표방한 '건축의 미래를 준비하는 모임'에 참여했다. 2002년 미국 건축가협회 명예회원이 됐으며, 그해 건축가로서는 최초로 국립현대미술관의 '올해의 작가'로 선정되기도 했다.

구덕교회는
구덕운동장 뒤편에 있다. 1951년 3월 4일 대동중학교 교실에서 창립예배를 드린 것이 시초. 이후 60년 역사를 가진, 대한예수교 장로회 소속 중견 교회로 성장했다. 부산시 서구 서대신동 3가 539. 051-255-1304.

부산 안국선원

지혜의 눈을 형형하게 밝혀 놓다

"아빠, 저게 절이야? 비행접시 같은데?"

열한 살 난 딸이 그리 말했다. 듣고 보니, 둥그런 외형에 돔(dome) 형식으로 불룩한 지붕이 꼭 비행접시처럼 보인다. 산속에 전통 한옥 형태로 지어진 절만 보아온 아이에게는 도심 주택가에 자리 잡은 색다른 형태의 사찰이 기이하게 느껴졌나 보다. 안국선원을 두고 하는 말이다.

철근 콘크리트 구조, 연면적 6천778㎡, 지하 1층·지상 4층의 작지 않은 규모의 안국선원은 가운데 법당 건물을 중심으로 좌우에 행원과 요사채를 둔 3개 동으로 이뤄져 있다. 2005년에 준공됐는데, 그 특이한 구조가 현대 도심 사찰 건축의 새로운 전형을 제시했다는 평가를 받고 있다.

법당 건물이 특히 그러한데, 모든 게 둥글게 둥글게 돌아간다. 지붕이 그렇고 벽체가 그렇고 법당 건물로 오르는 진입로가 또한 그러하다. 지붕은 티타늄 아연판으로 조성됐는데, 그 회색빛이 주는 차분함이 선원 전체의 장중함을 더해 준다.

안국선원은 산속에 폭 들어앉았다기보다는 도드라져 보인다. 특이한 외관도 그렇지만, 가파른 경사지에 제법 높이 올라 앉아 지어진 때문이다.

나선형으로 올라가는 주 진입로가 끝나는 부분에 목재 데크가 놓인 뜰이 있다. 중정(中庭), 그러니까 가운데뜰이다. 사람들이 모여 인사하고 담소를 나누는 공간으로서의 역할을 하는 곳인데, 소나무 두 그루가 단아하게 서 있다. 그 소나무로 인해 분위기가 묘하다. 고요한 가운데 텅 빈, 지극히 정적인 느낌이다. 의도한 건지는 모르겠으나, 이곳이 선(禪)을 수행하는 도량임을 묵언으로 알려주는 듯하다.

중첩된 둥긂은 안에 들어서서도 마찬가지다. 복도와 계단이 둥글게 돌아가며 4층 법당으로 이어진다. 법당은 여느 사찰의 법당과 달리 둥근 공간이다. 천장도 높이 18m에 이르는, 가운데가 둥글게 솟은, 거대한 돔으로 돼 있다.

장엄하면서도 사람을 포근히 감싸 안는 느낌이다. 둥근 공간이 주는 이런 안온함은 다른 어디선가 느낀 적이 있다. 경주 석굴암의 내부가 그랬다. 처음 석굴암 안을 보았을 때, 불교의 가르침은 냉엄한 게 아니라 따뜻한 것임을 알았다. 안국선원의 법당은 그렇게 편하면서도 따뜻하다.

천장 좌우 양편에 창을 내었는데, 가늘게 뜬 사람 눈의 형상이다. 저런 눈도 어디선가 본 적이 있다. 티베트나 네팔의 스투파(불탑)에 그려져 있는 잠들지 않는 '지혜의 눈'이다. 그림 대신 건축의 한 공간을 통해 그런 지혜의 눈을 형형하게 밝혀 놓은 것이다.

안국선원에는 저런 부처의 눈, 지혜의 눈을 여러 곳에 포진시켜 놓았다. 법당 건물의 지붕이 그렇다. 타원형으로 된 전체 지붕 가운데에 둥근 돔의 지붕을 이중으

잠들지 않는 지혜의 눈으로 형형하게 밝혀 놓은 안국선원 법당 내부.

전통을 승계하면서도 새로운 시대의 요구에
맞게 하기 위해 불단의 기법을 재조명했다.

로 앉혔다. 멀리 높은 곳에서 아래로 내려다보면 사람 눈과 눈동자의 모습이다. 또 하나는 1층에서 위로 올려다보는 계단의 연속선이다. 4층까지 중첩된 계단의 형태가 또 다른 눈의 형상을 나타내고 있다.

높이 6m의 석가모니 부처와 4m의 문수·보현 협시보살을 모신 전면의 불단이 거대하고 화려하다. 불상 위 닫집은 금빛으로 화려하고, 불상 뒤에는 가로 18m, 세로 12m의 입체 목조각으로 석가모니 부처의 10대 제자를 비롯해 각종 보살과 여러 신 등 불국의 세계를 형상화해 놓았다. 그 형태와 어우러지는 색채가 여느 사찰의 것과는 다른데, 동국대 미술학과 교수로 있는 청원 스님의 작품이다.

그는 21세기에 맞는 불교미술을 보여주고 싶었다고 한다. 후손에게 전해 줄 것을 단순한 과거의 답습이 아니라 전통을 승계하면서도 새로운 시대의 요구에 맞게 하기 위해 불단의 기법을 재조명한 것이다. 그는 이와 유사한 작품을 대만 체원사(諦願寺)에도 설치했다.

불단 앞의 법단(법사가 법문을 설하는 자리)은 조선식이 아니라 고려식을 수용했다. 조선식은 공양단이 불단 바로 앞에 조성된다. 법문을 하는 법사의 자리는 그 아래. 대신 고려식은 공양단이 법상 바로 아래에 놓인다. 법문을 내리는 법사를 부처와 동일한 격으로 보는 것이다. 사실 부처나 조사나, 깨달은 이 즉 각자(覺者)의 또 다른 이름일 뿐, 특별한 그 무엇은 아닐 터이다.

1천 명이 앉을 수 있다는 꽤 큰 법당인데도 밝고 환하다. 전면의 벽이 투명한 유리로 돼 있기 때문이다. 유리벽의 곡선 면은 절묘하게 햇빛의 하루 궤적에 맞춰져 있다. 낮 동안 시간에 따라 바뀌는 일광의 흐름에 따라 부처의 모습을 자연스럽게 바라볼 수 있게 해 놓은 것이다. 컴퓨터 시뮬레이션까지 동원한 정밀한 작업에 따른 것인데, 그 정성이 대단하다 하겠다.

전에 없던 이런 형태의 사찰이 어떻게 가능했을까? 여기에는 안국선원장 수불 스님의 의중이 깊게 작용했다. 그는 일본 오사카예술대 카노 타다마사 교수에게 설계에 대해 자문하면서 우주의 기운과 사람의 기운이 합치될 수 있는 사찰 건축을 주문했단다. 그 까다로운 주문에 카노 교수는 중력의 개념으로 대응했다. 중력이라는 우주의 기운을, 양손에 실을 들고 가만히 놓았을 때 아래로 처지는 실이 자연스레 만들어 내는 곡선으로 형상화하면서, 그 아름다운 곡선을 원과 구(球)라는 건축적 설명으로 풀어 놓았다.

그 건축적 설명을 위해 카노 교수는 별빛의 형성, 공간의 탄생, 일상의 의미 등 10개 테마를 설정했다.

1. 별빛은 수억 광년이라는 아득한 시간이 걸려 형성된다.

법당으로 향하는 주 진입로 끝에서 만나는 중정(中庭). 소나무가 단아하다.

2. 일견 무의미한 연속에 의미가 흩어져 버린다.
3. 일상생활에서 쉼 없이 모험하는 것이 중요하다.
4. 자기 자신에게 과제를 부여하는 것으로 공간이 생겨난다.
5. 오랜 시간 생각한 것은 오랜 시간 지속한다.
6. 창조라는 것은 희극(farce)을 연출하는 것이다.
7. 공간은 하늘과 땅, 추상과 구상, 고대와 현대 등 모든 것을 포괄적으로 포용하는 중간세계의 표현이다.
8. 먼저 속 깊은 것을 보고 있으면 그것을 향해 노력할 수 있다.
9. 공간이라는 것은 내부의 볼륨을 돌출시킨 것으로 생명과 마찬가지로 내측에

서 성장한 것이다.

10. 건축은 그 토지 고유의 역사와 접촉하는 것으로 시작된다.

거기다 카노 교수는 한옥의 처마 형태를 살림으로써 전통의 요소도 적극 끌어안았고 자연의 지형을 거스르지 않고 건물을 앉혔다. 안국선원의 지금 모양새는 그렇게 탄생했던 것이다.

중력을 말했지만 결국은 무중력의 묘미를 말했음이다. 중력에 거스르지 않는 무중력의 상태. 억지로 만들어 내지 않는 무위, 가득 찬 비움, 공(空)……, 그런 걸 연상케 한다. 비워져 있음은 언제나 편하다. 억지로 무엇을 얻으려 할 필요가 없고, 자기 가진 것에 안도하고 그에 맞게 수행하면 된다. 우주적 기운과의 합치는 결국은 우주적 기운을 거스르지 않는 것, 우주와 내가 '둘이 아님(不二)'을 몸으로 깨닫는 것일 테다. 수불 스님은 이 '불이'라는 말을 잘 생각해 보라고 했다.

"불이(不二)와 하나(一)는 달라요. 불교에서는 진리가 하나라는 말을 쓰지 않습니다. '불이'라고 하지요. 무슨 모양이 있는 것이면 하나라고 할 수도 있겠지만, 진리란 꼭 집어 그 무엇이라 말로 표현할 수 없는 것입니다. 둘도 아니고 셋도 아니고 넷도 아니고……, 그렇다고 특정한 무엇 하나도 아닌 게 진리지요. 불교에서 흔히 말하는 마음이란 것도 밖으로 설명하기 위해 이름 붙인 것이지 딱히 그 무엇 하나가 있는 게 아닙니다. 선(禪)은 그 진리를 깨치는 것입니다. 안국선원은 그런 선을 참구하는 도량이고요."

안국선원은
선의 세계화를 표방하는 대한불교 조계종 소속 사찰. 1989년 부산 금정포교당이라는 이름의 간화선 수행 도량으로 그 문을 열었다. 1993년 9월 부산 가야동 안국사로 이전하고, 2005년 3월 현재의 위치에 종합불교회관 형태의 선문화원을 준공해 지금에 이르고 있다. 2001년에는 서울 종로구 가회동에 서울 안국선원도 열었다.
부산시 금정구 남산동 35-14. 051-583-0999.

수영로교회는 부산에서 기독교 복음화의 새로운 장을 열고 있다.

부산 수영로교회

복음화를 이끄는 익투스가 되다

"어부 시몬과 그 형제 안드레아가 바다에 그물 던지는 것을 보셨다. '나를 따라오시오. 당신들을 사람을 낚는 어부가 되게 하겠습니다'라고 하시니, 그들이 곧 그물을 버려두고 예수를 좇았다."

마태복음에 나오는 예수의 이 일화는 그리스도교가 물고기의 형상을 귀하게 여기는 바탕이 된다. 어부는 물고기와 함께 하는 존재. 물고기는 죽음과 같은 바다 깊은 곳에서도 활기차게 살아 움직이는 생물. 예수는 죽음의 심연에서 다시 살아난 신격(神格). 그런저런 이유로 물고기의 형상은 예수 그리스도를 상징하게 된다. 생명의 물로 세례 받는 그리스도를 비유하게 된 것이다.

실제로 그리스도교를 나타내는 최초의 상징은 십자가가 아니라 물고기였다. 물

27

고기를 뜻하는 그리스어 '익투스(ΙΧΘΥΣ)'는 초기 그리스도교 교인들이 로마의 박해를 피해 그들만의 비밀스러운 상징으로 썼던, 두 개의 곡선을 겹쳐 만든 물고기 문양을 나타내는 말로 통용됐다.

나아가 '익투스'가 'Ιησουσ Χριστοσ Θεου Υιοσ Σωτηρ', 즉 '주는 나의 그리스도요 하나님의 아들이시라'라는 뜻의 그리스어 약자로 활용되기도 했다. 여하튼 '익투스'는 그리스도교인들에게 예수 자체인 동시에 구원의 상징인 것이다.

부산 해운대 수영만요트경기장 앞을 지나다 보면 눈에 확 들어오는 교회 건물을 하나 보게 된다. 부산에서 가장 큰 교세를 자랑하는 수영로교회다.

지하 2층·지상 5층의 철골 철근 콘크리트 구조, 연면적 1만4천983㎡로, 2층 본 예배당인 은혜홀에만 5천 명을 수용할 수 있으며, 다른 3개 부속 예배당을 포함하면 1만 명이 동시에 예배를 볼 수 있는 초대형 규모다. 그래서 '한수 이남 최대 교회'라는 별칭이 붙었다. 그런데 이 수영로교회가 '익투스'를 표방하는 물고기 형상으로 지어졌음을 아는 이는 많지 않다. 외양에서는 그 형태가 뚜렷하지 않기 때문이다.

수영로교회는 물고기 모양 평면 구성의 바탕 위에 설계됐다. 2층 은혜홀을 기준으로 보면, 사각형의 한쪽 모서리 부분은 설교대가 설치된 물고기의 머리와 아가미 부분, 그 맞은편 모서리에는 출입구로 밖으로 펼쳐진 부채꼴 모양의 계단을 설

치해 물고기 꼬리 부분, 나머지 모서리는 위·아래 지느러미 부분의 모양새를 갖추고 있다.

설립 당시부터 수영로교회 일을 보았다는 김두읍 사무장은 "부산 복음화를 이끄는 익투스가 되겠다는 의지의 표현"이라고 설명했다.

그동안 그 의지는 큰 성과를 보였다. "과거 교회가 수영교차로에 있을 때 출석 신도 수가 5천여 명이었는데 현재는 3만 명 정도"라고 밝혔다. 교회를 옮긴 지 10년이 채 못 되는 기간에 6배나 성장한 것이다.

이는 교회가 의도한 바였다. 교회를 이전하면서 내세운 모토가 '21세기를 향한 영적 비전을 제시하고 성장하는 교회'였던 것이다. 현재 수영로교회의 모습은 그런 모토를 여실히 반영하고 있다.

입구에서 보는 교회의 외관은 육중하다. 그러면서도 지붕은 날렵하게 하늘로 솟구치는 형상이다. 거대한 선박의 앞부분을 연상케 하는데, 항구도시 부산이라는 지역적 특성도 고려했지만 그보다는 저 멀리 바다 건너 5대양 6대주를 향해 비상하는 교회를 상상한 것이다. 입구 전면이 타일과 유리로 균형 있게 잘 배합됐다. 자칫 육중한 외양이 줄 수 있는 둔탁함을 유리 건축으로 완화시킨 느낌이다.

교회 후면은 전면을 유리와 타일이라는 매끈한 재질 대신 다소 투박한 노출 콘크리트로 처리했는데, 벽면에 세계 지도의 그림을 설치해 놓았다. 수영로교회가 부산을 비롯해 세계 구원의 방주가 되겠다는 염원인 것이다. 십자가 탑은 지붕의 중앙이 아니라 좌측 측면에 설치해 놓았다.

교회 내 예배당은 웅장하고 화려하다. 5천 명이 들어서는 공간이니 그 크기만으로도 사람을 압도한다. 설교대를 중심으로 좌우 대칭으로 펼쳐져 있어, 신자들의 시선을 자연스레 설교대로 향하게 해 놓았다. 하나님을 향한 교인들의 기대와 관심을 강하게 나타내는 중심축으로 예배당 가운데 표현했고, 그 축의 현실적인 종점인 설교대를 향해 모든 방향성이 집약돼 있다.

설교대가 독특한데, 마치 큰 공연장의 무대시설 같다. 실제로 수영로교회의 예배는 엄숙한 설교 위주보다는 참여 교인들이 함께 모여 즐기는 축제 형태로 진행된다. "하나님을 따르는 신앙인들의 집회장이자 축제의 무대를 연출하려는 것"이라고 김 사무장은 말한다.

현재 수영로교회에 시무하는 교역자는 목사 40여 명을 포함해 전도사까지 120여 명. 이들이 펼치는 교회 사역의 핵심은 '열림'이다. 홍보를 맡고 있는 이기태 목사는 "교회가 저네들만의 닫힌 공간이 아니라 누구라도 영혼을 쉬고 싶으면 언제든 찾아와 쉴 수 있는 교회가 되도록 하겠다는 것"이라고 밝혔다. 그러다 보니 평일에도 수영로교회는 늘 사람으로 북적인다. 사명자학교, 가정행복학교, 노인학교 등 다양한 사역들이 1주일 내내 펼쳐지고 있다. 예배가 없는 중소 예배실은 외부인을 위한 공연장으로 개방해 놓고 있다.

그러고 보면, 10년 만의 급성장은 우연이 아닌 것이다. '사람 낚는 어부들의 공동체'는 먼저 스스로를 열어야 진정한 '익투스'의 이상을 실현할 수 있다는 교훈을 수영로교회의 지금 모습이 웅변한다.

수영로교회는
1975년 6월 1일 태창목재 구내강당에서 부산복음화의 기치를 내걸고 정필도 목사를 초빙해 선교 교회로 첫 개척 예배를 드림으로써 수영로교회의 역사가 시작됐다. 1976년 부산 수영교차로 인근에 교회당을 건립하고 선교를 시작해 교세를 확장했다. 신자 수가 급격히 늘어나 교회당이 협소해지자 2001년 해운대구 우2동 현재의 자리로 옮겼다. 부산시 해운대구 우2동 1418-1. 051-740-4500.

전통과 현대를 잇는 가교가 되다

대한성공회 부산주교좌성당

성당 후면의 벽면.
육중한 버팀벽체가 성당의 깊은 멋을 잘 보여준다.

지난 80여 년간 부산 중구 대청로 일대를 울린 종.

80여 년의 전통을 가진 성당이 이토록 지역 사람들에게 잊힐 수도 있을까, 라는 의문이 드는 곳이 대한성공회 부산주교좌성당이다.

부산 대청로 너른 도로에는 근년에 세워진 교회 안내판은 있어도 성공회 부산주교좌성당을 알려주는 표식은 어디에도 없다. 부산근대역사관 맞은편, 복병산 자락 아래 얼키설키 복잡한 상가 골목을 몇 차례나 드나들어야 겨우 찾을 수 있을 만큼 성당은 숨어 있다. 도로변 상인들에게 물어봐야 고개만 갸웃거릴 뿐이다.

성당의 이재탁 주임신부는 "부산근대역사관 자료실에서 얻은 것"이라며 흑백의 사진을 한 장 내밀었다. 1930년께 현 부산 중구 대청동 일대의 모습. 일본식 목조기와 건물이 즐비한 가운데 성당 첨탑이 우뚝하다. 성공회 부산주교좌성당의 모습이다. 지금 것과 거의 다르지 않다.

다른 것은 주위의 모습이다. 사진 속 성당은 지역 공동체의 중심이었다. 지금은 주변 건물에 둘러싸여 위축된 형상이다. "당시만 하더라도 대청동 성공회성당은 소식지에 꼭 실리는 관광명소였어요." 이 신부는 아쉬운 표정을 지었다.

종탑의 내부구조. 목재를 촘촘히 쌓아 올린 기술이 경이롭다. (왼쪽)
마치 석굴암 내부를 연상시키는 제대공간. (오른쪽)

    성당은 작고 소박하다. 200㎡, 그러니까 60평 정도 규모. 전체적으로 붉은 벽돌로 쌓아 올렸다. 종탑이 은빛으로 반짝인다. 종탑 아래 성당 전면의 아랫부분은 벽체와 버팀벽이 육중하다. 우리나라 성공회의 중심인 서울 정동의 주교좌성당은 전형적인 로마네스크 양식을 갖추고 있다. 부산 주교좌성당도 뚜렷하지는 않지만 전체적으로 로마네스크 양식의 모양새를 갖췄다.
    지붕은 함석으로 돼 있었다고 하는데, 오랜 세월 부식된 탓으로 근년에 패널과 스테인리스로 교체했다고 한다. 종탑의 십자가도 성공회만의 독특한 모양을 가진 삼위일체 십자가인데, 원래는 육중한 무쇠로 오랜 시간을 지탱해 왔지만 2년 전 풍파에 파손돼 녹슬지 않는 재질로 똑같은 모양으로 바꾸었다. 원래의 십자가는 버리지 못하고 종탑 안에 보관해 놓았다.
    내부는 입구에서부터 세례대와 회중석, 제대로 이어지는, 전형적인 성공회 예배 양식에 적합한 모양새를 갖췄다. 큰 성당의 화려함보다는 희생과 사랑이라는 성서적 가치에 충실하고자 한 흔적이 역력하다.

천장은 '노아의 방주'의 모습을 연상시킨다.

둥글게 아치 형태로 틀 지은 제대 공간은 특히 그렇다. 반원형으로 둥근 천장에는 하중을 분산시키기 위한 교차 볼트가 설치됐고 그 아래 십자고상과 제대를 배치했다. 성당에서 가장 성스러운 곳인데, 그 은은한 분위기가 마치 안쪽에 불상을 모신 경주 석굴암의 공간을 연상시킨다.

제대부 입구 아치 틀 부분의 돌 쌓는 기법이 특이하다. 톱니바퀴처럼 큰 돌과 작은 돌을 번갈아 쌓았는데, 석축 물림이라는, 옛 성곽 석축의 기법이란다. 부산교구장 윤종모 주교는 "웬만한 지진의 흔들림에는 무너지지 않는 탁월한 건축방식"이라고 자랑한다.

천장은 나무로 돼 있다. 이재탁 신부는 성서에 나오는 노아의 방주 모형이라고 했다. 그러고 보니 성당 전체가 하나의 방주 형태다. 비록 주변에 다닥다닥 붙은 주택과 상가 건물로 그 형상이 온전하게 보이지는 않지만. 목조 천장이 네모난 칸들로 구획 지어져 있다. 모두 120칸이다. 고대 초대 교회가 120명 성도로부터 시작됐다고 한다. 그 상징적인 의미를 담고 있다는 게 이 신부의 설명. 이 성당이 처음 건립됐을 때 그 정도 신자로 시작됐는지도 모르겠다.

종탑 안으로 올라갔다. 외부의 스테인리스 재질과 달리 안쪽은 나무로 이루어져 있다. 80년을 버텨 온 목구조다. 당시 목수의 기술이 뛰어났음을 짐작한다. 종탑의 종은 옛것 그대로인데, 일제강점기에 일본군에 의해 반출되려다 간신히 되찾은 것이라고 한다. 그 종이 지금도 매 주일 대청동 일원에 울린다.

그런데 성당 내 회랑이 오른쪽 하나뿐이다. 가운데의 신랑(身廊)을 중심으로 양편에 측랑을 두고 있는 보통 성공회 성당과는 다르다. 이는 원래 없던 공간을 1964년 증축하면서 20평 정도 확장한 것이다. 주변 상가 건물들 때문에 양편을 확장하지 못하고 성당 마당에 면한 쪽만 달아낸 때문이다.

성당이 처음 지어진 것은 1924년의 일이다. 부산에 성공회 교회가 설립된 것이 1903년인데, 당시에는 변변한 성당 없이 일반 가정집에서 예배를 올렸다. 그러다 카트라이트(Stephen H. Cartwright)라는 캐나다 출신 선교사가 한국에서 풍토병으로 숨지면서 나온 사망보험금으로 비로소 성당을 짓게 됐다고 한다. 선교사의 죽음이 바탕이 돼 성당이 지어졌으니, 본인은 물론 그 가족의 선교 의지가 대단했던 것이다.

성당의 형태는 우측 회랑 부분을 제외하고는 건립 당시의 원형을 거의 그대로 보존하고 있다. 80년 이상 된 그리스도교 예배 치소로시 현재 남아 있는 것은 부산·울산·경남에서 이 성당이 유일하다(천주교 언양성당은 1932년에 준공됐다). 안타까운 것은 구체적으로 누가 설계했고 어떤 과정을 거쳐 건축됐는지 관련 자료를 찾을 수 없는 점이다.

그 때문에, 오랜 기간 성당은 지역 사람들로부터 존재감을 잃어갔다. 6·25전쟁 때는 피란민 수용시설로, 전쟁이 끝난 1954년에는 성화유치원이 설립돼(10여 년 전 폐원), 오히려 성당 대신 유치원 자리로 기억하는 이가 많은 실정이다. 또 얼마 전까지만 해도 무허가 상가 건물들이 붙어 있어 성당으로서의 모양새를 제대로 갖추지 못하다가, 3년 전 상가들을 철거하고 나서야 비로소 확연히 성당 건물의 모습을 드러냈다.

이재탁 신부로서는 "부산 사람들이 오히려 잘 모르고, 인천 등 외지에서 근대역사를 공부하는 사람들이 자주 찾는 현실이 안타깝다"고 심정을 토로했다. 관심 부족과 일제시대 건물이라는 반일감정으로 제대로 연구가 이뤄지지 못했다는 점이 아쉽고, 성공회 내부에서도 자체 교구 역사에 대한 연구가 일천했다는 점을 인정하지 않을 수 없다는 것이다. 그래서 성당 측은 등록문화재 지정을 문화재청에 요구하고 있다. 전통과 현대를 잇는 가교 역할을 하는 건축물로서의 위상을 알아달라는 것이다.

'발에는 평화의 복음을 갖추어 신고!'

에페소서의 이 한 구절은 대한성공회 부산주교좌성당이 내세우는 표어다. 성당의 제 모습 찾기를 통해 부산 복음의 중심으로 거듭나겠다는 의지의 표현이다.

대한성공회 부산주교좌성당은
성구주교회로 1903년 가정 예배로 시작해, 1924년 현재의 자리에 40여 평 규모로 조마가 주교에 의해 축성됐다. 규모는 작았으나 당시 성당 주위에는 동양척식주식회사(현 부산근대역사관) 등이 자리를 잡은, 부산의 중심가에 가까운 곳이었다. 현재 성당은 1924년 건축 원형의 모습을 대부분 그대로 간직하고 있으며, 1964년 약간의 증축을 가했다. 성당 건물과는 별도로 대한성공회 부산교구는 1974년 6월 1일에야 별도로 설립됐다. 관할지역은 경상남북도와 제주도에 이른다. 부산교구의 특별 사역으로는 부산 선원선교회(The Mission to Seafarers)가 있다.
부산시 중구 대청동 2가 18. 051-469-7163.

세 불전을 하나로 꿰다

부산 범어사 팔상독성나한전

둥글둥글한 얼굴에 코만 뭉툭한 남녀 한 쌍이 두 팔을 높이 들어 하늘을 떠받치고 있다. 좌측, 두 다리를 곧게 펴고 서 있는 여인의 자세는 옹골차면서도 다소곳하다. 소박한 한복 차림이 영락없는 우리네 시골 아낙이다. 그에 비해 우측, 한쪽 다리를 들어 기둥에 기대고 있는 남자의 표정은 한결 여유롭다. 천진한 얼굴에 입가에는 슬그머니 미소까지 머금었다. 날씨 좋은 농촌 상골이 지을 수 있는 미소다.

부산 범어사 팔상독성나한전(捌相獨聖羅漢殿) 중 독성전으로 들어가는 좌우 문틀 옆에 새겨져 있는 남녀상을 두고 하는 말이다. 두 인물상은 정겹기도 하고 해학

맞배지붕 아래 팔상전과 독성전, 나한전을 하나로 이어 붙였다. 다른 사찰에서는 볼 수 없는 독특한 구조다.

적이기도 한데, 주의 깊게 살피지 않으면 지나치기 쉬울 만큼 작게 숨어 있다. 어른 손바닥만 한 크기다.

범어사 팔상독성나한전은 다른 불교 사찰에서는 볼 수 없는 독특한 구조의 건축물이다. 대웅전 서쪽 인근에 있는 이 전각은 정면 7칸, 측면 1칸 규모에다 맞배지붕을 앉혔는데, 팔상전(捌相殿)·독성전(獨聖殿)·나한전(羅漢殿)을 한 채의 건물에 연이어 붙였다.

정면에서 봤을 때 왼쪽이 팔상전으로, 석가모니 부처의 생애를 여덟 단계로 구분하여 묘사한 팔상도를 봉안해 놓았다. 오른쪽 나한전은 응진전(應眞殿)이라고도 하는데, 석가모니 부처의 직제자 가운데 정법을 지키기로 맹세한 16나한을 모셨다.

가운데 독성전이 이 불전에서 가장 눈길을 끈다. 독성전의 독성(獨聖)은 독성(獨成)으로도 읽힌다. 스승 없이 혼자 깨달음을 얻은 성자라는 말이다. 그 성자를 우리나라에서는 주로 나반존자로 알고 있다. 아라한과(阿羅漢果·나한의 최고 경지)를 얻은 뒤 남인도 천태산에 들어가 말세가 되면 중생의 복락을 위해 세상에 나타나는 것으로 알려져 있다.

독성전은 다른 나라에는 없는 전각이다. 이 때문에 민속학계에서는 독성전이 우리 고유의 민간신앙에서 유래했다고 보는 이도 있다. 육당 최남선은 아예 독성을 단군으로 비정하기도 했다.

　여하튼 사후의 복덕이나 어려운 수행을 통한 깨달음이 아니라 현세에 이익을 주는 성인으로 신앙의 대상이 됐으니, 사찰 내에서는 서민들이 가장 좋아할 법한 전각인 셈이다. 범어사 독성전 문틀 좌우에 서민적 모습을 한 남녀 조각상이 있는 것은 어쩌면 그런 사연에 따른 것인지도 모른다. 하지만 정확한 사연을 아는 이는 현재 범어사 내에도 없고 밖에도 없다. 관련 기록도 없다. 아쉬울 뿐이다.

　문의 장식도 저마다 다르다. 팔상전엔 매화로 보이는 꽃을 앙증맞게 새겼으며, 독성전은 육각형을 이룬 소슬꽃 무늬다. 나한전 문은 마름모꼴의 기하학적 바탕인데, 가운데 부분은 돋보기를 들이댄 듯 크게 확대해 놓았다.

　팔상전과 독성전, 나한전을 하나로 꿰게 된 데는 사연이 있었다. 세 불전이 처음부터 지금과 같은 모습이었는가 하면, 그렇지 않았다. 기록에는 광해군 5년(1613)에 나한전을 창건하고 숙종 31년(1705)에 명학 스님이 팔상전을 중건했다 하므로 원래 이들 세 건물은 별도로 지어졌던 것임을 짐작할 수 있는데, 막상 이 건물이 언제부터 현재의 모습으로 지어졌는지는 확실치 않다. 다만 1905년 학암 스님이 팔상독성나한 삼전을 중건하고 성상(聖像)을 새로 조성했다는 기록이 있는 것을 보면 19세기 말경에 통합 전각이 들어선 것이라 짐작된다.

　서치상 부산대 건축학부 교수 등이 조사한 바에 따르면, 1905년 범어사 중건 때까지 팔상전 3칸과 나한전 3칸은 현재의 위치에 거의 그대로 있었다. 다만 가운데는 천태문(天台門) 1칸이 있었다.

　이 천태문을 헐고, 그 대신 지붕을 좌·우 건물과 한 몸체로 연결하고 내부공간화해서 독성전을 꾸민 것이다. 독성 나반존자가 수행하면서 중생을 구하고자 한 곳이 천태산임을 생각하면, 천태문 자리에 독성전이 들어선 것은 어쩌면 당연한 일이겠다.

가장 늦게, 또 작게 지어졌지만 독성전은 나한전과 팔상전에 비해 훨씬 공을 들여 지어졌다. 나한전이나 팔상전과 달리 독성전의 출입문은 곁에 바로 나와 있지 않고 반원형 문틀에서 뒤쪽으로 두 뼘쯤 들어가 있다. 문틀은 반달 형태로 우아해 아름다운데, 큰 통나무를 반원 형태로 구부려 만든 독특한 모습이고, 위쪽 창 아래에는 통판으로 넝쿨 형상을 조각하는 등 장식수법이 특히 화려하다.

출입문의 창살도 화려한 매화 문양의 꽃 창살로 돼 있다. 매화는 쾌락, 행복, 장수, 순리, 절개의 오덕(五德)을 지닌 꽃이라 일컬어진다. 그리고 보면 독성전 건립에 여간 정성을 들인 것이 아님을 알 수 있다.

그렇게 정성을 들인 독성전에 가장 토속적인 선남선녀의 모습을 조각해 숨겨 놓았으니, 당시 독성전 건축을 담당했을 목수들의 익살이 대단하다 하겠다. 그들도 사회 모순의 고통을 온몸으로 받았을 민중 계층이었을 터이니 그리 했겠지만, 그 익살 속에는 웃고 넘길 수만은 없는 삶에 대한 간절한 염원도 담겨 있음을 충분히 짐작할 수 있다.

선남선녀(善男善女)라는 말은 불교에서 나온 말이다. 불법을 믿고 따르는 남녀, 염불하는 사람, 죄악이 많지만 참회하고 염불하면 복을 받을 수 있는 존재를 뜻한

다. 독성전에 숨겨진 남녀의 조각상은, 현실에서는 삶의 무게에 짓눌려 힘들어하지만 즐거이 불법을 믿고 따르면 언젠가는 복된 삶을 맞을 수 있을 것이라는 선남선녀 민중들의 소망이 결정화된 것으로 보여 가슴이 짠해진다.

선찰대본산이라는 거창한 문패를 달고 있는 범어사. 하지만 그 범어사에서 가장 높은 곳에 세 전각을 합쳐 놓은 기묘한 형태의 팔상독성나한전이 있음은, 또 그 전각에 민중의 냄새가 물씬한 것은 역설적이다. 아무리 고매한 도를 찾더라도 결국은 평범한 속세의 간절한 여망을 외면하고서는 만사휴의(萬事休矣)임을 잊지 말라고 일깨우는 듯해서 그렇다.

범어사는
신라 문무왕 때인 678년 의상 대사가 해동의 화엄십찰 중 하나로 창건했다고 전해진다. 지금은 선찰대본산의 기치를 내걸고 선종본찰로 위상을 자랑하고 있다. 대한불교 조계종 제14교구 본사로서, 범어사승가대학과 금어선원을 갖추고 있으며, 전국에 1700여 개 말사와 암자를 가진, 해인사 및 통도사와 함께 영남지역을 대표하는 거대 사찰이다. 부산시 금정구 청룡동 546 금정산. 051-508-3122.

빛과 색의 향연에 취하다

부산 남천성당

옛날 교회는 일단 커야 했다. 신에 대한 열렬한 신심을 교회 건축의 높이와 부피를 통해 과시하려 했던 것이다. 특별히 크고 높은 건물이 드물었던 시절, 그러한 방식은 확실한 효과를 얻을 수 있었다. 하지만 현대 도심에서 하늘을 찌를 듯한 건물들은 쌔고 쌨다. 크기나 화려함으로 따져서는 교회 건축이 세속의 건축을 능가할 여지가 현저히 줄어든 것이다.

이 때문에 언제부턴가 교회 건축가들에겐 심각한 고민이 생겼다. 도대체 요즘 같은 시대에 특히 도시에서 교회를 어떻게 지어야 하나? 답은 분명했다. 교회 본래의 모습과 의미로 돌아가야 한다는 것. 종교적 체험이 가능한 경건한 공간, 절대자를 향한 내적 충실을 기할 수 있는 건축이어야 한다는 것이다. 문제는 그 분명한 답을 어떤 형태로 구현하느냐였다.

천주교 부산교구 남천성당은 그런 고민의 산물이다. 1988년에 착공해 1991년

에 완공된, 1992년 축성식과 함께 부산교구 주교좌성당으로 선포된 곳. 3천327평의 대지 위에 건평 2천191평의 규모로, 3천 명을 수용할 수 있는 큰 성당이다.

정면에서 보는 성당의 모습은 적벽돌을 쌓았는데, 그리 웅장한 크기가 아니면서도 장엄미가 돋보인다. 왼쪽의 측벽이 45도 사선으로 급격히 경사져 오르는 직삼각형의 형태다. 전체적으로 배의 돛 모양. 항구도시 부산을 상징한다는 의미를 담은 것이다. 오른편 종탑은 성전 건물과 일정한 간격을 두고 떨어져 있는데, 삼각형 오른쪽 변과 꼭짓점을 완성하고 있다. 그 모양이 거대한 열쇠의 것인데, 천국의 열쇠를 상징한다. 그러고 보면 측면의 경사는 그런 천국의 열쇠를 들고 하늘로 향하고 싶은 인간의 마음을 나타낸 듯하다.

성당 출입구가 있는 정면을 보면서 왼쪽으로 돌아서면 경사진 측면의 정체가 드러나는데, 전체를 유리로 마감한 특이한 구조다. 전체적으로 남천성당은 하늘로 치솟은 첨탑, 혹은 우아한 아치 문양이 연이어져 있는, 교회 건축이라면 전통적으로 드러나는 그런 관습적 모습들을 과감히 벗어던진 외양이다. 현대 교회 건축답게 대담한 구조의 선택이 돋보인다.

성당의 문을 열고 안으로 들어서면, 사선으로 기울어진 직선의 웅장한 구조물에 먼저 압도된다. 지극히 엄숙해야 하는 신의 성전임을 온몸으로 느끼는 것이다. 그러면서도 까닭 모를 감동이 머리를 한순간 새하얗게 만든다. 벽이면서 동시에 천장의 역할까지 하는 왼쪽 측면의 스테인드글라스를 통해 성당 안으로 비쳐지는 빛과 색의 신비로움 때문이다.

남천성당의 건축적 핵심은 바로 이 스테인드글라스에 있다. 가로 60m, 세로 27m로 단일 규모로는 세계 최대 규모의 창을 통하여 스며드는 빛의 조화가 일품이다.

부산교구 홍보실의 이동주 팀장의 설명에 따르면 성전이 완공됐을 당시에는 평

빛이 들어 신성한 성당 내 제대부.(위)
겉에서 보면 남천성당은 하늘을 향한 거대한 열쇠의 모습이다.
천국으로의 열쇠!

천국의 열쇠를 형상화한 남천성당 외형.

범한 유리벽으로 돼 있었으나 1994년부터 스테인드글라스로 단장하는 작업이 시작돼 1년6개월 만인 1995년에 완성했다. 스테인드글라스는 앤티크유리에 유약으로 그림을 그린 후 소성 과정을 거쳐 설치됐는데, 서양화가로도 활동하고 있는 조광호(인천 가톨릭대 조형예술대학) 신부의 작품이다.

어떻게 지붕을 유리로 덮을 생각을 했을까? 고전적 의미에서 천장은 안과 밖, 하늘과 땅을 가르고 차단하는 역할을 한다. 하지만 남천성당의 천장은 온통 유리다. 천장과 지붕을 오히려 무한한 하늘을 향해 뚫린 창, 천상의 빛을 성당 안으로 끌어들이는 통로로 변화시켜 놓은 것이다.

스테인드글라스의 그림은 비구상으로 그 자체로 충실한 회화적 가치를 갖는다. 하느님의 존재 형식인 삼위일체를 상징하는 큰 원 세 개를 중심으로 그 안에 여러 가지 작은 형상들이 그려져 있다. 영원성을 나타내는 원은 신의 완벽함은 물론 끝나지 않는 존재를 표현한다. 원의 중심부에 붉은색으로 처리된 십자가를 안고 있는 모습이다. 거기다 세 개의 원을 하나의 품안으로 감싸 안듯 어우러지는 구름의 이미지는 곧바로 하느님의 강림을 보여주는 듯하다. 하느님의 영광에 대한 인간의 지순한 찬미의 표현인 것이다.

하단부에는 각각의 유리창에 천지창조와 하느님의 구원의 역사를 사건별로 형상화해 놓았다. 빛의 창조에서 성신 강림과 묵시록적 징표에 이르기까지……

거대한 스테인드글라스를 통해 성당의 바닥과 벽에 비친, 빛과 색으로 장엄된 하늘의 모습은 거룩하다. 빛이 통과될 때 성당 내부에 내려앉은 푸른빛은 하늘로 상징돼 온 하느님의 영광, 삼위일체의 거룩한 신비, 구원의 상징인 십자가 등 전례 공간의 영적인 분위기를 한층 더 고취시킨다.

그리스도교에서 빛은 진리와 지혜, 구원과 생명인 하느님의 상징이요 구세주 예수 그 자체다. 하느님의 세상을 창조하면서 첫 행위가 어둠에서 떼어내 빛을 만들어 냈으며(창세기), 하느님은 또 구원의 역사 맨 마지막 날, 그 새로운 창조에 있어 스스로 빛이 될 것임을 약속했다(묵시록). 또 예수야말로 하느님 말씀 그 자체로서 이 세상 모든 사람을 비추는 참된 빛이라고 했다(요한서).

남천성당의 스테인드글라스는 그러한 빛의 의미를 극대화한 것이다. 하늘로부터 오는 빛과 인간의 적극적 관계 맺음, 신성한 빛으로 충만한 천상을 현세에서 구현한다는 의지를 표현한 것이다.

예수는 말했다. "너희 빛이 새벽 동이 트듯 터져 나오리라. 너의 빛이 어둠에 떠올라 대낮같이 밝아 오리라."(이사야서)

하지만 예수의 그 말에는 전제가 있었다. "너희 가운데서 멍에를 치운다면, 삿대질을 그만두고 못된 말을 거둔다면, 네가 먹을 것을 굶주린 자에게 나누어 주고 쪼들린 자의 배를 채워 준다면······."

그리스도교에서 신앙은 예수 그리스도를 통해 회개(悔改)하는 데서 시작한다. 회개는 곧 회심(悔心)·metanoia이다. 마음 한번 바꿈으로써 이전까지 살아온 삶의 방식을 돌이켜 고치는 것. 회개가 있어야 하느님을 알고 하느님을 믿고 하느님을 따를 수 있을 테이다.

남천성당의 빛과 색의 향연에 취해 있다 보니 문득 든 생각이다. 빛을 통한 깨달음일까, 감히 생각해 본다.

남천성당은
1979년 6월 8일 설립인가를 받았다. 수호성인은 정하상 바오로이며, 초대 신부는 제찬규 신부이다. 선전 건립은 1988년에야 시작됐는데, 그해 12월 4일 기공식을 하였고 1991년 완공됐다. 1992년에 교황청으로부터 부산교구 주교좌성당으로 선포되었고, 1992년 5월 31일 이갑수 주교의 집전으로 축성식을 거행하였다. 이로써 부산교구에는 기존 중구 대청동 중앙성당과 함께 주교좌성당이 두 개가 됐다.
부산시 수영구 남천1동 69-1. 051-623-4528.

부산 홍법사 대웅전

둥글게 차별없이 세상을 끌어안다

홍법(弘法). 부처의 법을 널리 펼치다. 부산 홍법사는 그렇게 불법(佛法)을 세상에 펼치기 위해 산중이 아닌 속세의 가운데에 내려와 앉은 절이다. 불법을 펼침은 다른 게 아니다. 나누는 것이다. 자비로운 마음을 나누고, 알고 있는 진리를 나누고, 가진 물질을 나누는 것이다. 주지 심산 스님은 "모든 사람들이 함께 어울려 환희로운 세상을 꿈꾼다"고 했다. 두루 걸림이 없어 아름다운 세상, 곧 정토(淨土)를 홍법사에서 이루겠다는 뜻이다.

그런 홍법사에서 2009년 4월 11일 새 대웅전 낙성식이 있었다. 1년 전에 시작된 불사(佛事)가 마침내 결실을 본 것이다. 한데, 이 대웅전의 모양새가 묘하다. 철근 콘크리트 건물로, 1천여㎡ 부지에 기단을 높이고 그 위에 10m 높이로 세워졌는데, 모난 데 없는 둥근 원형의 법당으로 지어졌다. 내부도 유리창을 통해 안과 밖을 시각적으로 틔워 놓았다. 여느 불교 사찰에서 보이는 가람과는 현저히 다르다. 여기에는 특별한 뜻이 있다.

불교는 기본적으로 엄숙하고 폐쇄적인 종교가 아니다. 모든 중생에게 개방돼 있는 열린 종교다. 종교와 성별, 인종을 초월해 사람들이 자유롭고 편안한 마음으로 불국(佛國)에 들어와 참배하고 안식을 찾아야 한다. 심산 스님의 생각은 그러한데, 그렇다면 마땅히 부처님을 모시는 대웅전도 원만무애(圓滿無碍)해야 한다. 둥글게 방향의 차별 없이 두루 세상을 안아야 하는 것이다. 좀 더 깊이 말하자면, 일원(一圓)의 상(相), 즉 시작도 끝도 없는 허공이며 온 우주를 뜻하는 하나의 원이 대웅전의 모델이 된 것이다.

그런 대웅전의 주위를 24개의 석주(石柱)가 호위하듯 세워져 있다. 일반 사찰의 일주문을 대신한 것인데, 그 형식을 대웅전과 함께 또 하나의 일원(一圓)으로 구성했다. 이 24개의 석주는 1년 24절기와 하루 24시간을 상징한다. 우주의 움직임에다 부처의 법이 내포돼 있다는 의미다. 석주들 가운데 대웅전 정문 쪽의 4개 석주

가 특별하다. 가운데 2개의 석주는 인도 아쇼카석주를 본떠 위에 사자상을 올려 놓았다. 사자후, 뭇 마귀를 물리치는 부처의 설법을 형상화했다.

  그 양 옆의 석주 위에는 각각 지구와 발우 모양의 조각물을 새겼다. 지구는 포교의 대상을 온 세상으로 삼고 있다는 홍법사의 서원을 내포한다. 또 발우는 먹고 살아가야 하는 중생의 복을 기원하기도 하지만, 그보다는 부처의 법과 진리를 상징한다. 선종에서 의발전수(衣鉢傳授·가사(袈裟)와 발우를 전하는 것)는 중국 혜능 선사 이래 법을 전하는 것을 의미하기 때문이다.

  인근 수영강의 물길을 끌어다 대웅전을 감돌아 나가는 수로를 만들어 놓았다. 사찰이면 쏙 있는 연지(蓮池)를 대신한 것으로 보이는데, 거기에 꽃비가 떨어져 내리는 모습이 상큼하다.

  석주가 그런 것처럼, 홍법사 대웅전은 불교에서 전해오는 상징적인 수(數)의 의

대웅전 내 닫집.

미를 건물 곳곳에 심어 놓았다. 숫자를 통한 불법의 이상향을 염원한 것이다.

대웅전 입구에서 건물 옥상까지 계단이 모두 108개다. 108번뇌. 대웅전을 향하는 모든 이들이 한 계단 한 계단 오르면서 온갖 번뇌의 마구니를 없애라는 뜻이다. 대웅전 내부의 기둥은 모두 8개다. 깨달음에 이르는 여덟 가지 길, 팔정도(八正道)를 나타낸다. 대웅전 외부 벽면에서 튀어나온 처마의 길이가 33m다. 삼십삼천(三十三天), 즉 제석천이 사는 불교의 이상향 도리천, 나아가 정토를 염두에 둔 것이다.

현대적 모습의 외양과는 달리 대웅전 내부는 불단과 닫집을 두루 갖춘 전통 양식을 따른 것으로 보인다. 복잡한 기둥 없이 시원하게 탁 트였는데, 이 때문에 하

국내 최대 규모가 될 좌불을 대웅전 옥상에 건립 중이다.

중을 떠받치기 어려운 목(木)구조 대신 현대식 철골조로 시공했다. 대신 표면은 목재 소재로 덧입혀 단청까지 해 놓았다.

불단에 모신 부처가 또 특이하다. 연등행사에 사용되는 등(燈)부처 3위를 모셨는데, 각자 눈 막고 입 막고 귀 막은 모습이다. 즉심시불(卽心是佛)이라, 우리 마음이 그대로 부처이니, 그 불심이 새어나가지 못하도록 눈과 입과 귀를 막고 정진하라는 가르침이다.

일반 부처상을 모시지 않은 것은 대웅전 옥상에 따로 대불을 모실 예정이기 때문이다. 홍법사의 포부가 큰데, 20여m의 좌불로, 예정대로라면 국내 최대 규모가 될 터이다. 현재 좌대를 조성 중인데, 좌대의 방향이 서쪽이다. 대웅전 자체는 방향성 없는 원의 형태지만, 기본적으로 서방정토를 염원하기 때문이다. 그래서 이곳에 모실 부처는 아미타불이다. 옥상에 올라서니 주변 산세가 온화한 가운데 홍법사를 연꽃잎처럼 둘러싸고 있다. 그리고 보면 홍법사가 꼭 연화장(蓮華藏) 세계의 중심에 있는 듯하다.

일원상으로 표현한 서방정토에 대한 염원. 홍법사 대웅전의 의미는 그리 요약되겠는데, 심산 스님은 "신행생활에서 취미활동까지 자유롭게 배울 수 있는 불자들의 마음의 고향"이라고 풀어서 설명했다.

홍법사는
1988년 설립된 (재)불심홍법원이 모태가 된 사찰. 대구 출신의 한 노보살이 사비를 들여 설립한 것인데, 그가 일군 신창농장을 또다시 불법 도량으로 기증해 현재 홍법사의 기틀을 이루었다. 지금 홍법사는 대한불교 조계종 제15교구 본사 통도사 말사로 등록돼 있다. 부산시 금정구 두구동 1220-1. 051-508-0345.

엄숙한 직선과 부드러운 곡선으로 말하다

이슬람 부산성원

수년 전 인도네시아의 한 소도시를 여행할 때였다. 하루는 저녁 무렵 숙소에 도착해 피곤한 몸을 쉬게 하려는데, 갑자기 애잔한 소리가 노을을 타고 하늘에 울려 퍼졌다. 노래인 듯 절규인 듯, 묘한 가락의 그 소리는 결국 사람의 마음을 헤집어 놓아 밖으로 나서게 만들었다. 가이드에게 물어 보니 바로 이슬람 예배 시간을 알리는 소리 '아잔'이라고 했다. 그러고 보니 저 멀리 꽤 큰 이슬람 모스크가 보였다. 소리는 그 모스크의 첨탑에서 울려 나오고 있었다.

문득 이런 생각이 들었다. '하늘로 치솟은 저 첨탑 꼭대기에 올라서면 어떤 느낌일까? 주위 사방에 신의 부름을 전하는 감격은 또 어느 정도일까?' 그때 이후 모스크의 첨탑에 한 번은 올라야겠다는 다짐이 생겼다.

수년 동안의 바람은 얼마 전 이슬람 부산성원에서 마침내 이뤄졌다. 웅장했던 인도네시아의 모스크에는 비할 바 아니지만, 부산성원에도 첨탑은 있었던 것이다. "외부인은 들일 수 없다"며 또 "지금은 사람 대신 스피커로 대신한다"는 이종억 한국이슬람부산지회장의 만류에도 고집을 피워 억지로 첨탑 안으로 들어섰다.

탑 내부는 지름이 1.5m 정도나 될까. 그 속을 철제 계단이 꼭대기를 향해 나선으로 이어져 있었다. 높이는 30여m쯤. 가뿐히 오르려니 했는데 웬걸! 전등을 켜야 앞이 보일 정도로 어두컴컴한 그 속을 오르자니, 다리는 금방 저려 오고 숨은 턱턱 막히고……. 행여 추락할까 불안불안 오르는데, 어느덧 꼭대기 창을 통해 빛이 쏟아져 들어왔다. 어둠에서 찾은 빛! 마침내 천장의 문을 열고 밖으로 나온 순간, 괜스레 감격 비슷한 느낌이 가슴을 스친다. 아랍의 모스크 첨탑들은 100m가 넘는다는데, 거기를 오른 무슬림들은 아마도 진정으로 외쳤으리라. "하나님(알라)은 위대하시다!"

모스크라고 했지만 사실은 '마스짓'이 정확한 표현이다. 아랍어 마스짓에서 모스크라는 영어식 발음이 파생됐다. 마스짓은 '엎드리는 곳, 경배하는 곳'이란 뜻. 한국이슬람연합회에서는 성원이라 부르고 있다. 최초의 성원은 예언자 무함마드가 메디나로 유수했을 때 거처. 이후 성원은 무슬림들의 예배당이자 학교, 재판소, 행정관서 등으로 기능해 왔다.

부산성원이 지어진 것은 1980년의 일이다. 화려하지도 않고 규모도 작지만, 1976년 서울에 이어 두 번째 들어선 한국의 이슬람 성원이다. 사우디아라비아 등의 지원을 받은 서울과 달리 부산성원은 리비아 정부의 지원을 받았다. 당시 세계 곳곳에 이슬람 성원 건립을 지원하던 리비아 각료 출신의 알리 비이 펠락 박사가 개인 돈 50만 달러를 리비아 정부의 이름으로 희사해 600여 평의 대지 위에 부산성원이 지어진 것이다.

첨탑은 '미나렛'이라 부른다. 하루 다섯 차례의 예배 시간을 알리기 위해 무앗찐이라고 불리는 사람이 여기에 올라가 아잔을 외쳤다. 최초의 무앗찐은 노예 출신이었다고 한다. 이슬람이 재력이나 신분에 상관없이 평등을 추구하는 종교임을 잘 반영한다. 미나렛의 양식은 지역적으로 조금씩 달랐다. 북아프리카 등지는 사각형, 이라크 지역은 나선형, 이란·터키 등지는 원통형이었다. 그에 비해 부산성원의 미나렛은 육중한 느낌의 팔각 양식이다.

미나렛이 엄숙한 직선으로 유일신 하나님의 권위를 상징한다면, 성원 지붕의 돔은 완만한 곡선으로 하나님의 사랑과 평화를 대표한다. 이 돔은 아랍어로 '꿉바'라고 하며, 그 자체로 우주의 진리이자 온 피조물을 감싸 안는 하나님의 넉넉한 포용을 나타낸다. 꿉바에 대해서는, 비잔틴의 영향을 받았느니 아랍 유목민의 가죽

둥근 꿉바 위 초승달 모양의 힐랄. 진리를 상징한다.   이슬람 성원 출입문은 대부분 이렇게 반월형으로 꾸며져 있다.

천막에서 유래했다느니 말이 많지만, 여하튼 미나렛과 함께 이슬람 성원의 대표적 건축양식이다.

꿉바의 정상 부분을 자세히 보면 초승달로 장식돼 있는데, 이를 '힐랄'이라 부른다. 이슬람에서 초승달은 각별한 의미를 갖는다. 예언자 무함마드가 최초로 하나님의 계시를 받을 때 하늘에 초승달이 떠 있었다고 전해지며, 그때부터 초승달은 '진리의 시작'을 의미하게 됐다. 사실 이 초승달은 부산성원을 전체적으로 관통하는 상징물이다.

일반적으로 건물은 남향으로 짓기 마련인데, 부산성원은 서북서 쪽으로 치우쳐 있다. 이는 이슬람 성원 건축에서 가장 중요하게 고려되는 '끼블라' 때문이다. 끼블라는 기도의 방향을 말한다. 이슬람에서 모든 기도는 사우디아라비아 메카에 있는 카바 신전을 향해야 한다. 거기에 하나님의 집 '바이툴라'가 있기 때문이다.

부산성원의 주요 공간인 2층 예배당 내부구조는 극히 단순하다. 조각은 물론 교회나 사찰에 흔한 모자이크나 벽화도 발견할 수 없다. 수란 59장 24절 '하나님만이 진정한 창조주로서 인간이나 동물을 만들 수 있다'는 데 근거한 것이다. 인간에 의해 만들어진 조각이나 그림은 자칫 잘못하면 우상숭배로 흐를 수 있다는 것

미흐랍 위 글귀.
'그대의 고개를 영원한 경배의 장소로 향하라.'

이다. 특별히 높이 올린 제단도 없다. 바닥 전체에 카펫만 깔려 있을 뿐이다. 하나님 앞에 모든 이는 평등하기 때문이다.

안에서 천장을 보면 가운데가 텅 빈 돔에 연결돼 있다. 돔과 천장 사이 둥글게 줄지어 설치된 창문은 하루 중 해가 어느 쪽에 있든 항상 예배당 안에 빛을 던진다. 그 빛과 그림자가 어우러지며 절묘하게 또 다른 초승달 모양을 연출한다. 진리가 성원 안팎에 드리워져 있는 것이다.

전면 끼블라 벽면에는 아치형으로 움푹 파인 벽감이 있다. 이를 '미흐랍'이라 부르는데, 예배를 보는 방향을 표시한다. 미흐랍 윗부분에 뭔가 아랍어로 씌어 있다. 방글라데시에서 온 선교사 아크말 씨가 "꾸란 2장 144절의 일부분"이라며 풀이해 준다. '하나님께서 하늘을 향한 그대의 얼굴을 보고 있었노라. 그대가 원하는 기도의 방향을 향하게 하리라. 그대의 고개를 영원한 경배의 장소로 향하라. 어디에 있든 그쪽으로 고개를 향하라.'

그런데 이 미흐랍은 텅 빈 돔과 함께 소리의 공명효과를 갖도록 설계됐다. 이슬람에서는 예배를 이끄는 이맘이 기도하거나 꾸란을 낭송할 경우 교회처럼 신자들을 마주 대하는 것이 아니라 다함께 끼블라를 향해야 한다. 그때 미흐랍과 돔 내부는 소리를 반사·확산시켜 예배당 전체에 울리도록 하는 것이다. 성직자와 일반 신자의 구분이 없는 종교가 바로 이슬람인 것이다.

미흐랍의 바로 오른쪽에는 나무로 만든 계단 형식의 설교대가 있는데, '민바르'라고 부른다. 설교자가 힘들 때는 앉아서 설교할 수 있도록 인간적인 배려를 한 것이다.

사실 부산성원의 현재 모습은 초라하다. 아파트 등 고층 건물이 성원을 포위한 듯 둘러싸고 있어 주변에서는 그 위치조차 찾기 어려울 정도로 옹색해졌고, 천장에서는 비까지 샐 정도로 퇴락하고 있는 중이다. 초기에는 리비아 대사관으로부터 재정 지원을 받았으나 지금은 전무한 상태라 전적으로 신자들의 성금에 의존해야 한다. 하지만 신자라고 해 봐야 150여 명에, 절대 다수가 형편이 어려운 외국인 노동자들이다.

성원 건립을 추진했고 2000년까지 한국이슬람 부산지회장을 지낸 부재필(81)씨는 가슴이 아프다.

"1980년대 부산성원이 한국과 리비아 양국의 외교에 얼마나 큰 역할을 했는지 몰라요. 당시 리비아로 우리나라 건설업체의 진출이 집중적으로 이뤄졌을 때 부산성원에서 부산은 물론 전국에서 신청을 받아 진출시켰지요. 성원 준공식에는 국무총리까지 참석할 정도로 위세가 대단했다니까요. 지금도 부산성원을 잘만 이용하면 중동과의 교류에 큰 효과를 볼 수 있을 겁니다. 부산시 당국이나 일반 시민들이 이 사실을 잘 알았으면 좋겠습니다."

부산에 하나뿐인 마스짓이라 부산성원이라 부르지만 사실 부산성원은 고유의 이름을 갖고 있다. '알파떼 마흐짓'이다. 알파떼는 '열다, 개척하다'는 뜻의 아랍어. 부산에 이슬람의 이념과 가치를 처음 전파한 곳이라는 의미겠다. 터키에서 2004년 유학 와서 2009년 현재 부산대 건축학부 3학년에 재학 중인 멘난 엘마즈(23) 씨의 말이 가슴에 남는다.

"비록 작고 낡긴 해도 이처럼 기도할 수 있는 공간이 있어 좋아요. 하지만 조금 더 사람들이 부산성원의 가치를 알아줬으면 좋겠어요. 여기는 문화, 언어가 다른 사람들이 서로 어울리는 곳입니다. 다문화의 가치를 존중하는 요즘 부산성원은 거기에 꼭 필요한 기능을 할 수 있을 겁니다. 더불어 사랑과 평화를 추구하는 이슬람의 이념이 전파될 수 있다면 더 좋겠지요."

한국의 이슬람 성원

2010년 4월 현재 전국에 11곳이 있다. 부산 외에 서울 중앙성원을 비롯해 파주, 안양, 부평, 광주(경기도), 안산, 포천, 전주, 대구, 제주에 있다. 그 외 전국에 50여 개소의 임시 예배소가 마련돼 있다. 부산성원은 1975년 개원한 서울 중앙성원에 이어 우리나라에서 두 번째 개원한 이슬람 성원이다.

부산시 금정구 남산동 30-1. 051-518-9991.

부산 구포성당

곡선이 직선의 날카로움을 눅이다

    구포성당은 포근하다. 하늘을 찌를 듯한 첨탑, 온갖 현란한 문양과 장식 등으로 사람을 한없이 위축시키는 서구의 성당에서는 느끼지 못하는 포근함이다. 그 포근함의 근원은 먼저 부드러운 곡선이다.

    성당의 전체 외관은 돛을 펼친 큰 배의 모습이다. 범선의 마스트를 연상케 하는 성당 전면부. 꽤 높은 곳에 십자가가 굳세게 자리하고 있지만 위압감이나 거부감은 들지 않는다. 성당 후방으로 날렵하게 내려선 곡선이 십자가 직선의 날카로움을 상당 부분 눅여주기 때문이다.

    문을 열고 들어서면 곧바로 성전으로 연결되는 여느 성당과는 달리, 구포성당은 완만한 곡선의 회랑을 거쳐야 한다. 성전을 10여m쯤 오른쪽으로 둥글게 끼고 돌아야 비로소 미사를 올리는 성전을 보게 된다. 성과 속을 나누는 경계이면서 동시에 둘을 부드럽게 연결해 주는 통로가 이 공간이다. 성스러운 공간으로 진입하기 전에 마음을 정결히 하라는 의미로 읽힌다.

순백의 십자고상. (왼쪽)
2층 공간으로 오르는 나선형 계단. (오른쪽)

성전 내부는 전체적으로 후면이 넓고 제단이 있는 전면으로 갈수록 좁아드는 형세인데, 제단의 우측 벽면은 각을 없애고 곡면으로 처리했다. 성전에 들어선 신자들의 시선을 저절로 제단으로 유도하는 역할을 하는 동시에 신자들을 따뜻하게 감싸 안는 느낌을 준다.

성전 내 뒤쪽, 성가대가 위치하는 2층 공간으로 연결하는 계단은 구포성당에서 가장 맛깔 나는 곡선의 구조물이다. 나선형의 계단으로, 벽면 스테인드글라스에서 뿜어져 나오는 빛의 후광을 받아 천국으로 오르는 성스러움의 분위기를 연출한다. 구포성당 지승식 사무장은 "다른 성당에서는 볼 수 없는, 우리 성당만의 독특한 자랑거리"라고 했다.

구포성당의 포근함은 또한 소박함에서 나온다. 값비싼 외장재에 고급스러운 건축재는 사용되지 않았다. 비교적 적은 공사비로도 축조가 가능한 철근 콘크리트 구조다. 40년 이상의 풍상을 겪는 동안 곳곳에 떨어져 나간 생채기를 안고 있지만 오히려 검소하고 수수한 느낌이다.

성전 제단 위에 모셔진 십자가 예수상은 상징적이다. 극도로 단순화된 형상의 순결한 백색의 예수상이다. 가식이 없다. 하느님의 집에 달리 무엇이 필요할까. 빈곤해서 진실하겠다는 용기를 구포성당은 보여준다. 성실한 고민 없이는 불가능한 일이다.

그 고민의 주인공은 알빈(Alwin Schmid · 1904~1978) 신부였다. 성베네딕도수도회 소속의 독일인 신부로, 한국에서 활동하면서 성당 등 무려 185개의 성당과 공소를 설계한 인물이다. "교회 건축에서 중요한 점은 완전한 그리스도교의 진리에 기여"임을 강조한 그는 화려하고 위압적이기보다는 겸손한 교회 건축을 추구했다. 구포성당은 그런 그의 성향이 집약된 건축물이다.

구포성당이 설립된 것은 6·25전쟁의 상흔이 채 가시지 않은 1958년. 당시는 불과 50~60명의 신자가 있던 시절로 변변한 성당 건물이 없었다. 본격적인 성당 건립이 시도된 것은 2대 윤예원(1885~1969) 신부가 부임하고 나서였다. 80세의 나이로 부임한 윤 신부는 당시 부산교구장 최재선 주교를 설득해 500만 원을 지원받고 신자들의 힘을 모아 1964년부터 성당 건립을 추진, 1년10개월 만인 1965년 완공했다. 윤 신부가 그때 건축 설계를 부탁한 이가 알빈 신부였다.

알빈 신부는 설계에 앞서 낙동강의 대표적인 포구였던 구포에 드나들던 수많은 배의 이미지를 염두에 두었던 것이 분명해 보이는데, 그는 거기서 나아가 성서에 나오는 노아의 방주까지 자신의 건축에 담으려 했음을 짐작하게 된다. 전쟁 후 고단했던 민초들을 보듬어 줄 구원의 배로서 구포성당의 모습을 그렸다는 이야기다.

하지만 그런 구포성당의 모습은 몇 년 안에 없어질 것으로 보인다. 도심재개발로 인해 이전 신축이 예정돼 있기 때문이다. 이를 안타까워하는 이들이 많다.

부산지역 성당건축사를 연구해 온 김의용 아뜰리에건축사사무소 대표가 그 한 사람으로, 그는 "구포성당은 하느님과 그 백성의 집이 어떠해야 하는지에 대한 진정성이 존재하는 곳"이라며 "현실적으로 보존이 불가능하다면 사라져 버릴 것들에 대한 기록화 작업이라도 최소한 이뤄져야 할 것"이라고 말했다. 천주교 부산교구가 충분히 고민해 봐야 할 대목이다.

> **구포성당**은
> 이미 1930년대 초에 40여 명의 신자 수를 가진 범일동성당 소속 공소로 활발한 활동이 있었다. 그 오랜 활동이 인정돼 1958년 5월 31일 범일동성당에서 분리돼 구포성당이 설립되었다. 1975년 사상성당, 1981년 만덕성당, 1992년 화명성당, 2004년 울만성당 등이 구포성당에서 분리돼 설립된 성당들이다.
> 부산시 북구 구포1동 417-2. 051-332-6370.

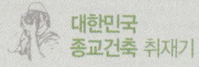 대한민국
종교건축 취재기

마음이
머무는 곳
발길이
머무는 곳

마산 천주교 양덕주교좌성당_ 양산 통도사 금강계단과 대웅전_
경산 경산교회_ 울산 언양성당_ 울산 꽃바위성당_
고성 천사의 집 성당_ 경주 불국사 범영루_ 경주 천도교 용담정_
김천 평화성당_ 영주 풍기동부교회_ 영주 부석사_ 안동 봉정사 영산암_

김수근의 역작, 바위산에 핀 수정꽃

마산 천주교 양덕주교좌성당

양덕주교좌성당 외벽 벽돌 틈 사이에 초록의 생명이 피었다. 이름 모를 들풀. 어디선가 날아와 참 좋은 곳에 싹을 틔웠다. 신이 거하는 공간, 신성의 그곳에서 생명을 얻었다. 한낱 미물로서는 무한의 영광을 입은 셈이다.

경남 마산역 건너편 양덕성당 건물은 3층 규모에 바닥 건축면적이 892㎡(270평 정도), 2층 성전은 588㎡(178평)에 불과하다. 미사 때 성당이 수용할 수 있는 인원이 겨우 300명 정도. 천주교 마산교구 주교좌성당의 위상 치고는 참 작다.

하지만 건축의 측면에서 양덕성당의 이름값은 대단하다. 그도 그럴 것이 한국을 대표하는 건축가 고 김수근(1931~1986)의 역작이기 때문이다. 양덕성당이 있음으로 해서 사람들은 한국에서도 성당 건축이 하나의 예술작품이 될 수 있다는 것을 인식하게 됐다.

초대 양덕성당 사제로 부임한 오스트리아 출신 요셉 플랏쯔(한국명 박기홍) 신부는 1977년 성당을 새로 짓겠다며 설계를 맡을 한국 최고의 건축가로 김수근을 선정했다. 그러면서 주문한 내용이 '소박하면서도 우아하고, 단단하면서도 따뜻하며, 신비로우면서도 인간미가 풍기는 성당'이었다. 김수근은 이를 어떻게 구현했을까?

'바위산에 핀 수정꽃'. 김수근은 양덕성당 건축 이미지를 그렇게 정의했다. 양덕성당의 외형은 암적색 벽돌로 이루어진 울퉁불퉁한 흰 덩어리가 밑에 있고, 그 위에 비교적 정갈한 표면의 여러 덩어리들이 모여 가운데로 비스듬하게 수렴하는 모양새를 띠고 있다. 바위산에 해당하는 건물 아랫부분은 깨진 벽돌을 쌓아 거칠고 강

'바위산에 핀 수정꽃'. 김수근은 양덕성당 건축 이미지를 그렇게 정의했다.
양덕성당의 외형은 암적색 벽돌로 이루어진 울퉁불퉁한 한 덩어리가 밑에 있고,
그 위에 비교적 정갈한 표면의 여러 덩어리들이 모여 가운데로 비스듬하게 수렴하는 모양새를 띠고 있다.

한 질감을 주어 무게감을 나타냈고, 성전인 윗부분의 덩어리는 온전한 벽돌로 처리해 떠받쳐 솟은 느낌을 주고 있다. 흔들림 없는 신심의 바탕 위에 종교적 신앙의 꽃을 피웠음을 상징한 것이다.

   수정 결정체는 일정한 모양이 없이 사방으로 뻗쳐 있다. 양덕성당의 구성도 그러하다. 기단이나 벽체, 지붕은 기본적으로 고전적 형태를 띠면서도 형식은 불규칙하다. 평면상으로도 성전 내 제대를 관통하는 중심선이 강렬하지만, 주변의 다른 공간은 비정형으로 자유롭다. 우아·소박, 단단함·따뜻함, 신비감·인간미라는 서로 배치되는 가치들의 조화를 염두에 둔 것이다. 나아가 신과 인간, 신자와 성직자, 권위와 자유를 아우르며, 교회가 하나의 공동체로서 신과 인간이, 인간과 인간이 만나고 화해하고 축제하는 장이어야 함을 또한 상징한다.

회합실과 사무실 등 부속공간이 있는 1층에서 성전이 있는 2층으로 오르는 길은 두 가지다. 성당 전면 진입구에서 오른쪽으로 완만히 돌아가며 오르는 길이 하나로, 마치 산책로처럼 꾸며졌다. 성전 입구에는 십자가 탑이 세워져 있는데, 성전에 들어서려는 사람들의 마음을 신이 속속들이 들여다보는 듯하다. 신성의 공간에 들어가기 전에 세상에서의 죄를 다시 한 번 참회하라는 의미일까.

다른 하나는 진입구에서 왼편으로 성당 뒤까지 한 바퀴 돌아 계단으로 오르는 길이다. 의외로 이 길이 좋다. 옛 골목길처럼 이리저리 구부러진 공간을 따라가다 보면 다양한 기하학적 선과 면으로 이뤄진 성당의 면모를 제대로 감상할 수 있다.

미사가 없는 시간 불 꺼진 성당 내부는 곳곳에서 들어오는 자연의 빛 때문에 오히려 아늑하다. 육각의 주 지붕과 그 주변의 크기가 다른 부정형의 지붕 사이 창을 통해 나오는 빛은 현란하지 않고 엄격히 절제돼 있다. 또 성전 내부 곳곳에 분산돼 비추고 있어 그윽한 깊이를 느끼게 한다. 특히 제단 쪽 높은 천창으로부터 내려선 빛은 제단과 십자고상을 비추며 신비로운 가운데 강렬한 신심을 불러일으킨다.

성당 내부 공간은 수직 기둥들이 떠받들고 있는 중심 공간과 그 주위를 둘러싼 고해소 등 부속공간으로 나뉜다. 크고 높은 중심 공간은 빛이 충만한 신성의 공간이며, 주변의 부속공간들은 약간은 어둡고 숨겨져 있는 인간의 공간이다. 공간들을 밀도 있게 조정한 것이다.

"성가대까지 포함해 300명 정도 앉을 수 있는 공간인데 절반만 앉아도 성전 전체가 꽉 찬 느낌입니다. 휑뎅그렁 텅 빈 느낌의 여느 성당과는 달리 진중한 느낌이죠. 또 공명, 소리 울림이 좋아요. 신부님의 작은 강론 목소리도 전체 성전 안에 또렷이 들립니다. 공간 활용을 잘한 것이죠." 양덕성당 허테범 사무장의 말이다.

양덕성당은 2007년 5월 당시 대통령자문 건설기술·건축문화선진화위원회가 시상하는 '이달의 건축환경문화'로 선정됐다. 그 이유가 '규모가 크지는 않지만 독

특한 재료의 구사와 비범한 조형이 뿜어내는 강력함이 있고, 성당 건축이 이 땅에서 어떻게 정착돼야 하는가에 대한 진지한 고민과 노력이 담겼다'는 것이었다.

하지만 그런 양덕성당도 준공된 지 30년이 지난 지금 곳곳에서 백화현상이 일어나는 등 퇴락의 기색이 역력하다. 보수나 리모델링을 생각해도 성당이나 교구 차원에서는 열악한 재정 탓에 엄두를 못 내는 형편. 종교적으로는 물론 지역의 건축문화 선양 차원에서도 가치가 있는 탁월한 건축물인 만큼 한국 천주교 전체나 지자체, 지역사회가 적극적인 관심을 보여야 하지 않을까.

> **양덕주교좌성당**은
> 천주교 마산교구가 부산교구에서 분리·설정된 것은 1966년인데, 본당 설정일은 1975년으로 10년 가까운 세월이 흘러서야 가능했다. 본당 설정 이후에도 처음에는 가톨릭여성회관을 성당으로 사용하다 1978년 11월에야 성전을 완공하고 교구 역사를 새롭게 했다. 1979년 4월 주교좌성당으로 봉헌됐다. 주교좌성당으로서뿐만 아니라 관할지역에 공장지대가 많았던 탓으로 가톨릭노동청년회 활동의 중심 역할을 해 왔다.
> 경남 마산시 양덕2동 72-7. 055-292-6561.

양산 통도사 금강계단과 대웅전

불법(佛法)은 사방으로 열려 있음이라

"바르고 참된 마음 흐트러지지 않고/ 편안하고 조용히 일곱 걸음 걸을 때에/ 발바닥이 편편한 발꿈치는/ 마치 환한 일곱 별 같았네// 사자 걸음처럼/ 사방을 두루 관찰하면서/ 진실한 이치를 환히 깨달아/ 능히 이와 같이 말할 수 있었네// '이 생을 부처의 생으로 한다/ 곧 가장 마지막 생으로 한다/ 나는 오직 이 생에 있어서/ 마땅히 일체를 건져야 한다.'"

2세기 인도의 시인 마명(馬鳴·아슈바고사)은 석가모니 부처의 탄생을 그렇게 노래했다. 불기 2553년 부처님 오신 날. '마땅히 일체를 건진' 부처의 모습이 그리워 불보종찰(佛寶宗刹) 통도사를 찾았다. 통도사가 불보종찰인 것은 부처의 진신사

리를 모신 금강계단(金剛戒壇)이 있기 때문이다.

　금강계단. 계단은 승려가 계(戒)를 받는 장소다. 금강은 그 무엇으로도 깨뜨릴 수 없이 단단하고 보배롭다는 뜻. 단단하고 보배로운 것은 바로 부처의 몸, 진신사리 때문이다. 따라서 이곳에서 계를 받음은 곧 부처에게서 직접 계를 받는 것이다. 7세기 자장 율사가 중국에서 사리를 가져와 세운 금강계단의 현재 모습은 정방형의 석조 구조물로, 2개 층의 기단 위에 종을 거꾸로 엎어 놓은 듯한 부도, 즉 사리탑을 얹어 놓았다. 그리고 그 바깥은 또 정방형의 석조 울타리로 둘러 놓았다.

　1층 기단 한 변의 길이는 10m 정도. 기단의 네 모서리에는 사천왕상을 배치했고, 각 면석(面石)에는 불상을 새겨 놓았다. 2층 기단에는 비천상이 면석마다 부조돼 있다. 2층 기단 중앙의 부도는 다시 연꽃의 받침돌 위에 있다.

　짐작건대, 2개 층의 기단과 그 위의 사리탑은 그대로 불교의 삼보(三寶)를 상징

대웅전 뒤 구룡지, 자장 율사의 통도사 창건 설화를 간직하고 있다. (왼쪽)
대웅전으로 오르는 석조계단, 1400여 년의 세월이 녹은 아름다움이다. (가운데)
석가모니 부처의 진신사리가 모셔진 금강계단. 그 이름만큼이나 반듯하고 굳건하다. (오른쪽)

한다. 사리탑은 그 자체로 불(佛)이요, 1·2층의 기단은 각각 법(法)과 승(僧)을 나타낸다. 계단 건축의 모범을 제시했던 7세기 중국 도선 스님의 저작 『계단도경(戒壇圖經)』이 3층의 기단으로 삼보를 상징할 것을 주문했지만, 통도사 금강계단은 이미 부처의 진신사리를 모셨으니 하나의 층을 더하는 것은 쓸데없는 일이었을 터이다.

금강계단을 위에서 보면 사방 우주의 한가운데에 부처의 사리가 놓여 있음을 알게 된다. 불법의 오묘한 경지를 표현한 그림 만다라를 연상시킨다. 돌로 그린 만다라. 금강석처럼 견고한 마음으로 번뇌 망상의 뿌리를 한순간에 끊어 버리고 반야의 지혜로 나아가라는 굳센 가르침이겠다.

금강계단 탓에 통도사 대웅전(大雄殿)은 여느 사찰과는 다른 모습이다. 대웅전은 석가모니 부처를 모시는 전각. 하지만 통도사 대웅전에는 불상이 없다. 대웅전에 인접해 금강계단, 부처의 진신사리가 있기 때문이다. 부처의 본 몸이 있는데 그

상(像)은 만들어 무엇하나.

대웅전 내부에 들어서면, 불단 쪽의 벽체에 옆으로 긴 창이 나 있음을 보게 된다. 금강계단을 눈으로 볼 수 있도록 배려한 것이다. 전체적으로 어두운 가운데 금강계단에서 반사돼 쏟아져 들어오는 빛이 신비해 신심을 더 북돋운다.

금강계단이 사방으로 열려 있는 것처럼 대웅전도 사방으로 향해 있다. 앞과 뒤가 구별되지 않는다. 실제 동서남북 사방에 모두 다른 이름이 걸려 있다. 금강계단에 접해 있는 북쪽은 적멸보궁(寂滅寶宮), 서쪽은 대방광전(大方廣殿), 남쪽은 금강계단(金剛戒壇), 동쪽이 대웅전이다. 불법은 원래 그렇게 원만무애(圓滿無碍)로 사방에 열려 있음이다.

지붕을 봐서도 그러하다. '丁'자형 팔작지붕으로, 금강계단이 있는 북쪽을 제외하면 동·서·남쪽이 각자의 합각(合閣·지붕 위쪽의 양옆에 人자 모양을 이룬 각)을 가진 특이한 건물구조로 돼 있어 각 면이 다 정면이면서 또 측면처럼 보인다.

하지만 그래도 동쪽을 대웅전이라 한 것을 보면 동쪽에 더 신경을 썼다는 이야기인데, 보통 사찰이 남쪽에 비중을 두는 것에 비하면 독특하다. 이는 통도사의 지형이 동에서 서로 길게 뻗어 있기 때문으로, 동쪽의 일주문을 통해 통도사 경내로 들어선 불자들은 대웅전에 다다르면 대웅전의 동쪽 면을 먼저 보게 된다.

통도사 대웅전의 건축적 장식도 동쪽 면에 집중돼 있다. 대웅전으로 오르는 계단(階段)의 경우 동쪽이 남쪽보다 폭이 넓을 뿐만 아니라 중간에 연꽃 문양이 새겨져 있다. 창호살의 경우 동쪽의 것만 화려한 꽃살로 처리돼 있고, 남쪽은 3칸의 구조인 데 비해 동쪽은 5칸이다. 두루 보편적인 불교의 이상을 구현하면서도 결국은 사람의 시선을 배려하지 않을 수 없었던 것이다.

'시적쌍림문기추(示寂雙林問機秋) 문수유보대시구(文殊留寶待時求)

전신사리금유재(全身舍利今猶在) 보사군생예불휴(普使群生禮不休).'

대웅전에 드리운 주련의 내용이다. 풀이하자면 이렇다. '쌍림에서 열반에 드신 지 몇 해던가, 문수보살 보배를 모시고 때와 사람을 기다리네, 부처님 전신사리 이곳에 모시니, 널리 군생으로 하여금 예배함이 쉬지 않게 하네.'

부처님 오신 날이라 그 의미가 더욱 각별하다.

통도(通度)

통도사 이름의 유래는 여러 갈래다. 646년 신라 자장 율사에 의하여 창건된 통도사는 영축산에 있다. 불가에서 영축산은 석가모니 부처가 법화경을 설한 곳으로 알려져 있다. 창건 당시 절이 위치한 '산의 모습이 인도 영축산과 통한다(此山之形 通於印度靈鷲山形)' 해서 '통도'라 이름 붙였다는 이야기가 전해진다. '승려가 되려는 사람은 모두 금강계단에서 계를 받아야 한다(爲僧者通而度之)'는 의미에서 통도사라 지었다고도 한다. 이는 사찰의 근본정신을 잘 말해주는 것으로 통도사는 계율(戒律)의 중심지로서 모든 승려들은 이곳에서 계(戒)를 받아서 산문(山門)에 들어서게 된다는 의미다. 그밖에 '모든 진리를 회통하며 중생을 제도한다(萬通法度衆生)'는 의미에서 '통도'라는 이름을 빌렸다는 설도 있다. 깨달음을 향하여 진리의 세계로 나가는 동시에 고통 받는 중생들과 함께하는 대비(大悲)의 마음이 있어야 한다는 뜻이다. 여하튼 국내 제일 대가람의 위상에 어울리는 이름이다.

경남 양산시 하북면 지산리 583. 055-382-7182.

경산 경산교회

영혼을 흔드는 찬미와 영광의 빛

  경북 경산시 삼북동 경산교회를 보면 미국인 선교사 스탠리 존스(1884~1972)의 말이 떠오른다. "섬기는 자세, 곧 종의 자세가 그리스도인의 자세다. 그것은 예수가 취한 자세이기 때문이다."

  2003년에 새로 지어진 경산교회는 건축, 특히 교회 건축에 관심 있는 이라면 한 번쯤은 꼭 찾는 곳이다. 2003년 한국건축문화대상에 입선하기도 했거니와, 세련된 현대식 디자인이 돋보이면서도 겸손이라는 기독교적 가치에 충실했다는 이유에서다. 말하자면, 매우 '단정'한 교회다.

  700여㎡ 부지에 지하 1층·지상 3층 규모로 지어진 철근 콘크리트 건물. 크지도 작지도 않아 아담하다. 외벽은 별다른 치장 없이 콘크리트를 그대로 노출시켰다. 10년째 이 교회 담임을 맡고 있는 박세봉 목사는 "요란한 치장이 없어 오히려 친근하지 않냐?"고 했다. 과장의 거부감이 없는 소박한 교회라는 뜻이었을 게다. 그는 '가족 같은 포근함'을 강조했다.

  사실 첨탑의 십자가만 없다면, 경산교회는 거의 교회 같지 않다. 단순한 박스 형태의 건물. 겉으로 봐서는 하나님의 자리하심이 느껴지지 않는다. 이는 이 교회를 설계한 이은석 경희대 건축학과 교수의 뜻이 담긴 결과다. 고향이자, 부친이 과거 이 교회에 담임목사로 시무했을 정도로 각별한 인연을 갖고 있는 이 교수는 "교회라는 상징성, 전통의 형상으로부터 자유롭기를 바랐다"고 했다. 종교적 상징성을 어설프게 강조했다가는 자칫 오용과 남용으로 이어져 오히려 기독교성을 왜곡시킬까 두려웠던 것이다.

전통적인 교회 건축 대신에 이 교수가 경산교회에 담으려고 했던 것은, 인간성과 지역성이었다. 경산시 삼북동은 대구에 인접해 있으면서도 상대적으로 개발이 늦었던 곳이다. 일제시대 장터의 흔적이 남아 있고 얼마 전까지만 해도 사람들 사는 모습도 옛것에 크게 다르지 않았다. 경산에서는 처음 설립돼 2009년 100주년을 맞은 경산교회는 그렇게 도시적이지 않은, 서민적인 교회 공동체를 꾸려왔던 것이고, 이 교수는 그런 교회 환경을 잊지 못했던 것이다. 두려운 하나님이 아니라 친근한 하나님. 경산교회에서 그런 하나님을 만날 수 있기를 바랐던 것이다.

그런 점을 배려한 노력이 곳곳에 눈에 띈다. 도로에 접한 측면 1층 외벽에는 행인들의 시선을 고려해 갈색의 목재 패널을 붙였다. 노출 콘크리트의 건조하고 무딘 느낌을 완화시킨 것이다. 담장은 아예 없애 사람들이 바로 마당을 거쳐 예배당으로 들어설 수 있게 했고, 출입문이 있는 정면의 1층은 먼저 필로티라는 장치를 통해 부분적으로 터 놓으면서 동시에 전체를 유리로 처리해 시각적으로도 안과 밖으로 열린 공간을 연출했다. 그러면서도 건물 전체 외부 디자인은 군더더기 없이 깔끔하다. 점과 선과 면들이 엄격한 수직과 수평으로 교차하며 공간을 나누고 어울린다. 몬드리안의 추상그림을 보는 듯하다.

내부에는 지역아동센터 등 부속공간이 있는 1층에서 대예배실이 있는 2층으로 이어지는 통로로 엘리베이터나 계단 대신 완만한 직선의 경사로를 설치했다. 굳이 넓은 공간을 차지하는 경사로를 고집한 것은 노약자나 장애인 등을 생각한 것이다. 경산교회 신자 중 30% 정도는 노인들이다. 어쩌면 이 경사로가 경산교회 건축의 하이라이트다.

  문을 열고 진입홀로 들어서 경사로에 오를라 치면 먼저 정면에 커다란 스테인드글라스 창이 보인다. 그 창을 통해 들어오는 빛이 예사롭지 않다. 십자가에 못 박힌 예수의 모습이 투영된 채 수평으로 쏟아지는 그 빛은, 다시 건물 상부에 설치된 천장의 창을 통해 떨어지는 수직의 하늘빛에 부딪쳐 난반사된다. 찬미와 영광! 속세의 공간에서 들어선 이는 이 빛에 감싸이면서 영혼이 흔들림을 느낀다. 경산교회가 어쩔 수 없이 교회, 즉 하나님의 성스러운 집임을 새삼 확인하게 되는 순간이다.

빛과 색의 조화가 영혼을 뒤흔드는 경산교회 스테인드글라스.

종교에서 빛은 그런 것이다.

교회의 핵심 공간인 대예배실은 각진 부챗살 모양으로 전면의 제단으로 모든 시선이 집중되도록 만들어졌다. 최대 500여 명쯤 앉을까. 크기도 크기지만 분위기가 의외로 안온하다. 왼쪽 측면과 천장에서 들어오는 빛 때문이다. 그 빛이 은은하다. 하지만 박 목사는 아쉽다고 했다. 애초에 경산교회 대예배실은 낮 동안은 자연채광으로 모든 의식을 치르도록 설계됐는데, 이런저런 사정으로 창유리에 선팅 처리를 해 놓았거나 덮개를 씌워 놓았다는 것이다. 어쩔 수 없이 주 조명을 인공으로 해야 하는데, 자연채광이면 더 경산교회다웠을 것이라는 이야기였다.

경산교회가 귀한 것은 1950년에 지어진 옛 예배당 건물을 온전히 보존하며 새 건물과 어울리게 해 놓았기 때문이기도 하다. 지금은 교육관으로 쓰고 있는 옛 예배당은 돌을 쌓아 지은, 전형적인 우리나라 초기 교회의 모습을 하고 있다. 광복 전후 어려운 시기에 교인들의 정성이 깊이 배어 있는 곳인데 차마 없애지 못한 것이다.

그런데 의외로 마당을 공유하고 마주 서 있

는 신·구의 두 건축물이 대립되지 않고 어우러진다. 과거와 현재가 무언의 대화를 나누는 듯하다. 사실 이 부분은 이은석 교수가 놓치지 않고 챙긴 부분이다. 새 교회의 입구에서 예배실까지 걷다 보면 자연스레 옛 예배당을 볼 수 있도록 창을 터 놓았다. 두 공간의 소통을 교회를 찾는 교인들이 직접 체험케 한 것이다.

요즘 웅장하게만 짓는 교회, 밤의 조명으로 기이한 분위기를 연출하는 교회가 많지만, 경산교회는 격식을 갖추고서도 인간적인 친근함을 내보이는 교회다. 그래서 밤보다 낮에 더 아름다운, 몇 안 되는 교회 중 하나일 듯!

교회를 나서는데 첨탑의 모양새가 독특했다. 삼각 구조물 안에 십자가를 심어 놓았다. "혹시 삼위일체의 상징?"이라고 말을 꺼내려는데, 박 목사는 "글쎄요, 그리 볼 수도 있겠지만 억지로 의미를 갖다 붙일 필요가 있을까요. 편한 대로 생각하면 되지요"라고 한다. 신성과 경배를 강요하지 않는 겸손한 교회의 모습을 박 목사의 그 말에서 다시 한 번 보았다.

경산교회는
1909년에 설립된 유서 깊은 교회다. 원래는 인근 사월교회에서 분리돼 삼북동교회라는 이름으로 시작됐다. 그해 9월 16일 예배당 가옥을 매입해 처음으로 부흥회를 개최했는데, 1944년에 개최한 당회에서 이날을 경산교회 설립 기념일로 정식 공포했다. 경북 경산시 삼북동 80. 053-811-7193.

울산 언양성당

순교성지에 세워진 신앙의 혼

9월은 한국 천주교에서 순교자 성월로 지내는 기간이다. 목숨을 버림으로써 신앙을 지키고자 했던 선배들의 매운 의기를 본받자는 것이다. 울산시 울주군 언양읍 송대리에 있는 언양성당은 그런 순교자 성월에 특히 빛을 발한다. 영남지역 최고의 순교 성지를 배경으로 세워진 성당이라 그렇다.

기해년(1839년)의 박해 이후 전국에서 신자들이 탄압을 피해 언양의 깊은 산속으로 들어오면서 독특한 신앙공동체를 꽃피웠다. 오늘날 한국판 카타콤이라 불리는 간월산 죽림굴에서는 관헌에게 들킬까 봐 불을 못 피워 생쌀을 씹으며 연명했을 정도로 생활은 지난했다. 그런 시련과 함께 김아가다 등 숱한 순교자를 내면서도 언양 천주교인들은 신앙을 버리지 않았다.

언양성당에는 그 지순한 신앙의 혼이 온전히 배어 있다. 목숨까지 버릴 각오로 신앙을 지켰던 언양지역 천주교인늘은 1888년 본당 설립을 위한 기싱회를 조직했다. 하지만 초근목피로 연명하던 그들에게 본당 설립은 쉽지 않은 일. 무려 40년 가까운 세월이 흐른 1926년 12월에야 본당 설립 인가를 받고 초대 신부로 에밀 보드뱅 신부가 부임했다.

본당은 인가됐으나 본당의 성전 건물이 완전히 지어지기까지는 10년의 세월이 더 흘러야 했다. 보드뱅 신부는 처음에는 모금으로 성전을 건립하려 했으나, 하루 연명이 힘든 신자들이라 애초에 불가능한 일이었다. 할 수 없이 보드뱅 신부는 자신이 소속된 파리외방전교회 본부의 지원을 요청하고, 스스로 건축 설계를 맡아 1928년 5월 공사를 진행했다.

서울 명동성당을 지었던 중국인 기술자들이 불려오고, 언양지역 신자들은 스스로 부역에 나섰다. 그렇게 보드뱅 신부와 신자들의 피나는 노력이 성과를 거두어, 1932년 8월 준공을 보게 되고, 4년 뒤 사제관이 지어지면서 1936년 10월 25일 함께 축성식을 가졌다. 부산·경남의 유일한 석조 고딕 양식 교회 건축물은 그렇게 탄생했다.

9월 초순, 아직은 따가운 햇살이 성당 첨탑 끝 십자가를 눈부시게 한다. 첨탑 너머 화장산. 언양성당을 지을 때 기초 자재인 화강석을 제공한 산이다. 화장산에 화강석이 없었다면 언양성당은 지어지지 못했을지도 모른다고 한다.

평일이라 성당은 고요하다. 낯선 방문객이 와도 내다보는 이 없다. 성당 주변의 고목들, 성당 마당에 목재를 얼기설기 엮어 세운 고풍의 종탑만이 말없이 성당의 오랜 역사를 말해 주며 반기는 듯하다.

외양은 고딕의 양식에 충실하려 했던 흔적이 역력하다. 정면에 반원 아치 형태의 주 출입구를 두었고, 좌우에 그보다 작은 아치로 보조 출입구를 두었다. 앞으로 튀어나와 있는 종탑부 위쪽에는 8각의 첨탑이 있으며, 첨탑의 주위로 4개의 피나클(작은 뾰족탑)을 따로 두었고, 종탑부 모서리마다 두꺼운 버팀벽을 배치했다. 양쪽 측면에는 아치 형태의 창과 그 위에 작은 장미창(꽃문양의 둥근 창)을 함께 내놓았다.

지금은 유물전시관으로 쓰이는 옛 사제관. (왼쪽)
첨탑 주위 4개의 작은 뾰족탑이 인상적이다. (가운데)
언양성당 역사를 증명하는 입석판. (오른쪽)

고딕 양식이라고 하지만 성당의 외관은 둔탁한 느낌이다. 매끈하게 다듬는 대신 거칠게 자른 화강석을 쌓아 올려 외벽을 만든 탓이다. 그에 비해 출입구와 창문 주위 아치형 장식은 잘 다듬어진 화강석으로 설치해 대조를 이루어 놓았다. 지붕의 경우 정면은 종탑부에 붙어 있지만 후면은 맞배지붕을 이루고 있다. 온전히 서양식 건물로 지어지지 못하고 우리네 전통 건축의 흔적을 남긴 것이다.

전면과 측면의 벽체가 화강석으로 지어진 데 비해 후면의 벽체는 붉은 벽돌로 돼 있다. 처음 지어질 당시 증축을 예상해 쉽게 허물고 공간을 연장할 수 있도록 벽돌로 했다는데, 애초에 원했던 형태로 온전히 성당을 짓지 못하고 서둘러 마무리했을 정도로 곤궁했던 당시의 형편을 짐작하게 돼 마음이 짠해진다.

내부공간의 형태도 그렇다. 처음 보드뱅 신부는 성당의 내부 평면을 전통적 고딕 양식인 라틴크로스(아랫부분이 긴 십자가 형태) 형태로 설계했다고 하는데, 현재 언양성당은 단순한 직사각형의 평면 구조로 돼 있다. 당초 설계대로 짓기에는 금전적·기술적 역량이 모자랐던 것이다.

천장은 크게 4개의 아치 형태 베이(기둥과 기둥 사이 공간)로 이루어져 있으며, 각

베이는 목재로 된 리브볼트(지붕의 하중을 기둥으로 전달해 주는 천장의 구조물)로 장식돼 있다. 벽체에는 일정한 간격으로 필라스터(벽체에 붙어 있는 기둥)가 있는데 이는 다시 아치 형태로 단면을 이루고 있다. 제대 뒷벽에는 세 개의 아치형 창문을 가운데는 높게 좌우에는 그보다 조금 낮게 설치해 놓았는데, 성부·성자·성령의 삼위일체 신앙을 연상시킨다.

전체적으로 언양성당은 화려하거나 웅장하지 않다. 세밀하며 역동적인 서양의 전통적 고딕과는 다르다. 많은 노동력과 자본을 필요로 하는 고딕의 교회 건축 양식을 그대로 열악한 피난살이의 초창기 언양성당 신자들에게 적용시키기는 처음부터 불가능했던 것이다. 그렇지만 모진 박해에도 굴하지 않았던 그들의 신앙은 신을 향해 추상같은 열정을 표현하는 고딕건축의 정신에 오히려 부합한다 하겠다.

성전 건물 옆에는 신앙유물전시관. 문이 자물쇠로 잠겨 있다. 어떡할까 고민하고 있는데, 마침 성당 사무실에서 나오던 초로의 관리인이 그 모습을 봤나 보다. 급히 열쇠를 갖고 뛰어와서는, "언양성당에 와서 유물관을 못 봤다는 건 말이 안 된다"며 문을 열어 준다.

2층 석조 건물로 옛날에는 사제관이었는데 유물전시관으로 고쳐 1990년 12월 4일 개관했다. 언양성당 관할 아래에 있는 각 공소나 신자들이 갖고 있던 신앙 유물을 모아 놓았다. 1800년대의 기도서와 교리서, 필사본 성서, 언양성당 초창기 미사에 사용했던 각종 제의와 제구 등 695점이 전시돼 있다.

그중 특히 눈에 띄는 것이 구유다. 불을 피울 수 없었던 죽림굴에서 쌀을 구유에 넣어 물로 불려 먹었던, 그 구유다. 인간으로서 견디기 힘든 고초를 감내하면서 스스로 믿는 진리를 지키려 했던 옛 선인들의 결기가 그대로 전해져 머리가 숙여진다. 오늘날 교(敎) 믿는 사람 중 과연 몇이나 그런 결기를 보여줄 수 있을까?

언양성당 죽림굴 성소
경남 언양 지역은 한국에 천주교 200년의 선교역사와 신앙선조들의 발자취를 품고 있는 곳이다. 신앙의 요람지요 성소의 온상지다. 따라서 그 흔석들이 임싱하지 않다. 대재공쇼(일명 죽림굴)는 대표적이다. 천연 석굴로 된 공소다. 1840~1868년 박해시대 잔혹했던 관아의 손길을 피해 안전한 곳을 찾던 신자들이 모여 움막을 짓고 토기와 목기를 만들거나 숯을 구워 생계를 유지했던 곳. 최양업 신부가 이곳에서 약 4개월간 은신하며 미사를 집전하였고, 1860년 9월 3일자로 된 그의 마지막 서한을 남긴 곳이기도 하다. 언양성당의 뿌리인 셈이다.
울산시 울주군 언양읍 송대리 422. 052-262-5312.

해가 떠오를 무렵 바닷물이 만조가 됐을 때 파도가 출렁이며 햇살과 함께 바위에 만들어 내는 무늬가 붉은색으로 꽃처럼 아름다워 절경으로 꼽았다고 한다. 화암, 꽃바위는 거기서 유래된 이름이다.

울산 꽃바위성당

자연을 닮음으로써 하느님에게 다가서다

꽃바위의 절경은 보지 못했어도 꽃바위성당은 충분히 예뻤다.

울산만의 바다가 내려다보이는 울산시 동구 방어동 일대는 옛날부터 방어진 12경 중 하나로 화암만조(花岩晩潮)가 있었다. 해가 떠오를 무렵 바닷물이 만조가 됐을 때 파도가 출렁이며 햇살과 함께 바위에 만들어 내는 무늬가 붉은색으로 꽃처럼 아름다워 절경으로 꼽았다고 한다. 화암, 꽃바위는 거기서 유래된 이름이다.

예전에는 꽃바위성당이 있는 자리에서 꽃바위의 모습이 조금은 보였을 법도 한데, 지금은 온통 아파트가 들어서 있는지라 주변은 오히려 삭막하고 답답한 느낌을 주었다. 그런 탓에 꽃바위성당은 험한 바다 가운데 홀로 뚝 떨어진 것처럼 생경

한 모습이었다. 여하튼, 그래도 꽃바위성당은 예뻤다.

천주교 부산교구 소속의 꽃바위성당은 연면적 1천750㎡에 지하 1층・지상 3층 규모로, 300여 명의 신자를 수용할 수 있도록 크지도 작지도 않게 지어졌다. 구조는 철근 콘크리트에 철골을 더했고, 외부 마감은 대부분 적벽돌로 치장했다.

굳이 붉은색의 벽돌로 치장한 데는 이유가 있다. 멀찍이 떨어져 성당을 가만히 쳐다보면 그 모습에서 꽃바위의 이미지가 떠오른다. 해가 떠오를 때 바다에 비친 햇살이 바위를 붉게 물들이는 광경, 그 꽃바위의 자연풍경을 색에서부터 형상화한 것이다. 성당의 형태도 앞에서 보면, 오른쪽 측면에 위로 갈수록 안으로 구부러지는 벽체를 높이를 달리해 여러 겹으로 중첩되게 조성해 놓았다. 시각적인 안정성의 효과 외에도 바위에 부딪쳐 연이어 솟구치는 파도의 모양새가 연상되는 부분이다.

종교건축이라 해서 지역의 자연과 정서에 전혀 무관할 수는 없는 법. 꽃바위성당은 방어진이라는 자연적, 그리고 문화적인 맥락을 충실히 따랐다. 방어진은 동해를 기준으로 보면 가장 아래쪽에 있는 항구. 해마다 9월~4월에는 전국에서 몰려든 어선들로 북적이는, 우리나라 근해 어업의 주요 근거지 중 하나다. 그런 곳이라면 신과 인간이 만나는 성전의 모습도 여느 곳과는 달라야 할 터이다.

먼저 보이는 것은 우뚝 솟은 종탑이었다. 등대의 형상으로, 꽃바위성당의 상징탑이다. 방어진의 등대가 동해를 밝히듯, 꽃바위성당이 지역 사회의 길잡이일 뿐만 아니라 나아가 인류 구원의 등대가 될 것임을 선언한 것이다. 성전의 지붕은 둥글게 처리했는데 이는 또 해오름, 방어진의 일출을 상징한 것이라고 했다.

건물에 비해 성당 부지가 꽤 넓고 평탄했다. 800평이 좀 넘는다고 했다. 성당 사람들은 여기에도 의미를 부여했다. 평탄하고 넓은 부지는 바다를 상징하고 그 위의 성전은 바다 위를 항해하는 배, 좀 더 정확히는 힘들고 괴로워하는 영혼을 구

원해 줄 방주를 나타낸다는 것이다. 그러고 보니 성전 후면은 영락없는 배의 모습이었다.

그런 다양한 상징에도 불구하고 꽃바위성당의 전체 이미지를 말하라면, 보편과 절제로 정리할 수 있겠다. 원과 곡선을 적극 활용한 외형은 달리 화려한 장식이 없어도 순수한 아름다움을 발산한다. 옛 성당에서 흔히 보였던 과도한 수직 첨탑 형태 대신 전체적으로 수평적 형태를 취한 것도 사람에게 보다 친근하게 다가서는 스케일을 구현한 것으로 보였다. 절제를 통해 가톨릭의 본래 의미에 맞는 보편성을 추구한 것이다.

별도의 담장이나 울타리 없이 성당을 열어 놓고 마당을 공원으로 꾸며 놓은 것도 그런 보편성을 의도한다. 누구나 하느님의 품에 들어와 놀다 가라는 것이다. 그러다 하느님의 말씀이 가슴을 울리면 성전 안으로 들어와 한번쯤 하느님의 모습을 보라는 것이다.

성전 내부도 소박하고 간결했다. 성전에서 가장 성스럽고 신비로워야 할 제대 주변도 별다른 장식 없이 백색의 벽면을 있는 그대로 풀어놓았다. 십자고상은 천장에 설치한 직사각형의 창을 통해 쏟아지는 자연의 빛으로 장식되게 해 놓았다. 텅 빈 벽면에 매달린 예수를 비추는 그 햇살은 "이는 내 사랑하는 아들이요 내 기뻐하

멀리 밖에서 보면 평범한 제대부가 가까이 다가서면 이렇게 근엄한 모습으로 바뀐다.

는 자!"(마태복음)라는 하느님의 소리가 그대로 시각적으로 표현된 것으로 읽혔다.

일출의 빛으로 물결이 드리워진 꽃무늬 바위, 하느님의 소리로 장엄된 꽃바위성당. 그렇게 둘은 하나로 어우러졌다. 자연을 닮음으로써 하느님에게 다가선 성당이 곧 꽃바위성당이었다.

> **꽃바위성당**은
> 인근의 방어진성당에서 2006년 1월 분리돼 나온 신규 성당이다. 2년여에 걸쳐 어렵사리 새 성전 건물을 마련해 2008년 3월 30일 봉헌식을 가졌다. 1층에는 홀 및 전시공간·사무실·강당·교리실, 2층에는 성전·사제관·교리실, 3층에는 성가대석과 성가대실이 갖추어져 있다. 울산시 동구 방어동 1119. 052-233-7709.

고성 천사의 집 성당

삼각추와 원통의 어우러짐에서 얻는 미학

    수학이나 기하학에서 볼 때 정삼각형은 가장 기본이 되는 도형이다. 최소한의 점만으로 도형을 만들 수 있기 때문이다(평면상에서 두 점만으로는 도형이 형성되지 않는다). 그에 비해 가장 안정적이고 효율적인 도형은 원이다. 주위를 향한 힘의 분포가 가장 균일하고, 또 같은 둘레 길이를 갖고도 사각형 등 여러 다각형보다 가장 넓은 면적을 그려낼 수 있기 때문이다. 따라서 삼각형과 원의 조화는 가장 단순하면서도 안정적이고 또 효율적인 공간구성일 터이다.

    이를 평면이 아닌 건축과 같은 삼차원의 공간으로 확장하면, 좁은 공간에 가장 기본적이고 안정적인 형태를 갖추기 위해서는 삼각추와 원통이 제격이다. 기하학적 질서에 따른 효율적 공간 구성의 건축기법. 삼각추와 원통의 어우러짐에서 얻을 수 있는 미학이겠다.

경남 고성군 마암면 어은곡저수지의 잔잔한 물결을 둘러싸고 있는 우람한 연화산 자락 계곡에 있는 '천사의 집' 성당은 그런 삼각형과 원, 삼각추와 원통이 어우러져 독특한 아름다움을 뿜어내는 성당이다.

지하 1층·지상 1층의 철근 콘크리트조 건물. 외벽은 적벽돌로 마감했다. 성당의 본 건물은 삼각추가 곧게 서 있는 외형이고 꼭대기 십자가 첨탑은 보석 모양의 반사유리로 처리해 반짝인다. 그런 성당 본 건물 앞에는 원통형의 진입공간이 있다. 기본적으로 평면에서는 정삼각형과 원, 입체에서는 원통과 삼각추로 이어지는 건축물이다. 여느 성당 건물과는 다른, 이런 형태를 갖게 된 데는 이유가 있다.

성당이 지어진 것은 1986년. 당시 설계를 맡았던 김열규 경남대 명예교수는 "당시 호수와 산이 어우러진 성당의 입지는 건축가에게 첫눈에 표현의욕을 충동하는 영감의 분위기가 서려 있는 곳이었다. 하지만 주어진 건축면적이 주위 자연환경에 비해 너무 왜소했다"고 회고했다.

당시 김 교수에게 허락된 건축면적은 200여㎡. 60평이 겨우 넘는 면적이었다. 그 안에 종교적 모든 상징성을 채워 넣어야 했다. 김 교수는 "작은 보석이 더욱 빛난다는 신념을 가지고 프로젝트를 구성해 나갔다"고 했다. 작은 규모이긴 하지만 시각적으로 가장 극대화할 수 있는 볼륨과 강렬한 매스를 가진 조형, 순수 기하학적 입체의 원형에서 새로운 의미 창조를 위한 공간 구성을 의도

했다는 것이다. 여하튼 좁은 면적에 최대의 효과를 찾다 보니 정삼각형과 원, 원통과 삼각추의 형태를 갖추게 됐다는 이야기다.

성당으로서는 보기 드물게도 입구 좌우에 방사(放射)의 형태로 연지(蓮池)를 두었다. 불교 사찰의 연지가 그런 것처럼, 이곳의 연지도 성(聖)과 속(俗)이라는 두 공간을 가르는 역할을 한다. 성당으로 들어가려면 이 연지 위에 놓인 다리를 건너야 하는데, 이는 물질세계에서 정신세계로, 인간의 세계에서 신의 영역으로 넘어간다는 실존적 의미를 상징한다.

다리를 건너면 원통형의 공간과 마주하게 된다. 문을 열고 들어서니 위로는 지상의 본당으로, 아래는 지하 소성당으로 이어지는 출입문이 또 따로 놓여 있다. 김 교수에 따르면 여기는 정신세계를 나타낸다. 무질서한 현실세계에서 심연의 가교를 건너 닿는, 신이 거하는 영원의 세계를 향한 전 단계로서의 소공간이다. 여기서 사람은 신을 대할 마음을 갈무리해야 한다.

본당은 삼각추의 형태가 그대로 내부 공간에 표현돼 있다. 세 면의 벽체가 중심의 구심체로 모여 꼭대기 정점에서 하나로 모아진다. 정점에는 천창을 두어 그를 통해 하늘의 작은 빛이 성당 내부를 비춘다. 천창은 빛과 음영을 만들어 내는 역할과 함께 영혼의 승천을 위한 통로로서도 기능한다. 세 개의 면은 영원의 질서

와 의미라는, 곧 삼위일체로 존재하는 신의 형식을 의미하기도 한다. 성당에서 신을 예배하는 이는 그런 신의 존재를 느끼며 자신의 염원을 기도를 통해 하늘로 승화시키게 되는 것이다.

애초에 이 성당이 지어진 것은 세상에서 소외된 이들을 위함이었다. '천사의 집'은 1981년 5월 천주교 마산교구 소속 김석좌(70) 신부에 의해 '예수의 작은 마을'이라는 결핵환자 자활촌으로 시작됐다. 그러다 결핵환자들의 발병률이 줄고 자연히 마을에서 자활을 꿈꾸는 입촌자들도 줄어들자, 이 시대가 요청하는 복음을 '장애인을 안고 살아가는 가정'의 아픔을 함께 나누는 데 두고 1987년 7월에 지적장애인 생활시설인 '천사의 집'으로 사업을 변경했다. 그 때문에, 김 신부는 성당의 의미를 '지능은 떨어지더라도 착하게 살고 있는 이들을 위한 영혼의 쉼터'라고 밝혔다.

그러고 보니 김열규 교수는 이 성당을 가리켜 '마음이 가난한 자들을 위한 교회'라고 불렀다. 장애를 안고 태어났지만 한 인격체로 서기 위해 서로를 보듬고 살아가는, 마음 가난한 그들에게도 이런 작은 성당 하나쯤은 가질 자격이 있을 테다.

일찍이 예수는 선언했다. '마음이 가난한 사람은 행복하다. 하늘나라가 그들의 것이다. 마음이 깨끗한 사람은 행복하다. 그들은 하느님을 보게 될 것이다'(마태복음 5장 1~12절). '천사의 집' 성당은 마음 가난한 장애인들이 하느님을 보는 하늘나라인 것이다.

> **천사의 집은**
> 지적장애인들이 살아가는 생활시설이다. 그 안에서 생활하는 장애인들은 모두 60여 명. 시설은 이들의 생활 재활 서비스뿐만 아니라 각자 점진적으로 사회활동에 참여할 수 있도록 직업 재활 서비스도 함께 제공하고 있다. 생활 자기, 퀼트, 메주와 콩나물 등의 생산품을 만들어 낸다. 천사의 집 성당은 그들을 위한 신앙의 요람인 것이다.
> 경남 고성군 마암면 신리 145-1. 055-672-6608.

경주 불국사 범영루

날아갈 듯 팔작의 지붕을 하늘에 펼치다

"사람들이 청운·백운교와 연화·칠보교는 알아도 범영루는 모른다."

경북 경주 불국사 교무국장 정수 스님의 말이다. 불국사 일주문을 지나 경내에 들어서면 먼저 횡으로 길게 늘어선 석축 기단을 만난다. 범영루는 그 위에서 좌우에 청운·백운교와 연화·칠보교를 거느리고 있는 중심 누각이다. 날아갈 듯 팔작의 지붕을 하늘에 펼치고 있는 웅자(雄姿)가 대단하다. 하지만 불국사를 찾는 평범한 이들은 양편 돌다리의 아름다움에 감탄하면서도 정작 범영루의 존재에는 무심하다. 정수 스님은 그 점이 안타까운 것이다.

불국사(佛國寺)는 이름 그대로 부처(佛)의 나라(國)를 표현한 사찰이다. 법화경에 근거한 석가모니 부처의 불국정토 영역, 관무량수경에 의거한 아미타 부처의 극락세계 영역, 화엄경에 근거한 비로자나 부처의 연화장세계 영역을 모두 갖추었다. 불국정토세계는 대웅전, 극락세계는 극락전, 연화장세계는 비로전이라는 건축물

로 각각 대표된다.

경내 입구 마당에서 범영루를 봤을 때, 오른편으로는 청운교와 백운교를 지나 자하문을 거쳐 대웅전에 닿게 돼 있고, 왼편으로는 연화교와 칠보교를 올라서 안양문을 열고 극락전에 들어서도록 돼 있다. 비로전은 대웅전 뒤에 있어 보이지 않는다.

연구자에 따라서는 범영루가 아니라 자하문을 불국사 전면부의 중심축이 되는 건물로 보기도 한다. 자하문이 왼편에 좌경루를 거느리고 있는데, 오른편 범영루가 우경루(불국사에 '우경루'라는 이름의 누각은 현재 없다) 역할을 한다는 것이다. 이는 범영루 오른편 극락전 영역을 대웅전 영역보다 한 단계 낮춰 보고 그 존재를 무시한 데 따른 것이다.

하지만 극락세계가 사바 불국정토에 비해 격이 낮을 이유는 없다. 자하문이 중심이라면 범영루를 굳이 범영루라 이름 붙일 까닭은 또 무엇인가, 그냥 우경루라 하면 될 것을. 짐작건대 범영루는 범영루고, 우경루는 따로 있었을 게다. 따라서 범영루가 중심축에 서서 왼편에 자하문과 좌경루를, 오른편에 안양문과 우경루를 거느린다고 보는 것이 타당할 듯싶다. 그게 좌우 균형에도 맞다.

실제로 현재 자하문은 지나치게 크고 번잡한 구조로 이뤄져 있어 청운교와 백운교의 담백한 분위기와 맞지 않고 또 다른 누각과도 비례가 맞지 않아 어딘가 어색하고 답답하다. 홀로 툭 튀어 보이는 것이다.

그와는 반대로 범영루는 정면 1칸, 측면 3칸의 단층인 현재의 모습보다는 원래는 훨씬 컸을 것으로 추정되고 있다. 불국사 기록에 범영루에 오르는 계단이 별도로 있음을 보면 최소 2층 이상 건물이었을 것으로 추정된다. 정수 스님은 "현재 범영루를 비롯한 전면의 누각과 돌계단의 형태는 1970년대 이뤄진 불국사 복원의 대표적 실패 사례"라며 한탄했다.

원래 이름이 수미범종각(須彌梵鐘閣)이었다는 점에서도 범영루의 존재는 범상하지 않다. 수미산(須彌山) 정상에서 울려 퍼지는 범종의 소리! 그야말로 부처의 세계다. 수미산은 불교의 세계관에서 존재하는 상상의 산. 세상의 중심인 곳으로, 중턱에는 사천왕이 있고, 꼭대기에는 제석천이 사는 궁전이 있으며, 부처는 거기서 온 세상에 법을 설한다. 범영루는 불국사가 어째서 불국의 구현체인지 보여주는 상징적 존재다.

범영루의 누각은 특이한 형태의 돌기둥(석주) 위에 놓여 있다. 석주는 좌우에 두 개를 설치했는데, 판석(板石)을 십자형으로 엇갈려 맞물리도록 정교하게 짜 맞췄다. 아래쪽에서 위로 갈수록 조금씩 좁아지게 4단까지 올리고, 5단부터는 위쪽이 넓어지게 8단까지 쌓아 올려서 두 석주 사이 공간의 빈 모양이 항아리 같기도 하고 연꽃 봉오리를 연상하게도 한다. 어떤 이는 범종의 소리를 형상화한 것이라는 이야기도 한다.

석주 아래에는 붉은 기운이 감도는 화강석으로 세운 석축이 있다. 석축은 두 층으로 나뉘는데, 아래는 울퉁불퉁한 자연석을 있는 그대로 쌓아 올렸고, 그 위에 다듬은 돌들을 정연하게 쌓았다. 아래 자연석과 위의 다듬은 돌들은 톱니처럼 서로 맞물리게 하는 그랭이 기법으로 연결해 놓았다. 그 때문에 제멋대로 생긴 자연석과 인공의 매끈한 돌이 서로 부딪치지 않고 화합을 이룬다. 그 조형미가 묘하다. 자연

물 흐르는 곳을 만들어 놓았으나 정작 물은 없다. 범영루의 이름이 무색하다.

석은 수미산 주변의 구름을, 정연하게 쌓은 상층부는 수미산 천상의 세계를 형상화한 것이라는 게 불국사 측의 설명인데, 그럴듯하게 들린다.

범영루의 이름은 '뜰 범(泛)' 자와 '그림자 영(影)' 자로 이뤄져 있다. '그림자가 뜬다'는 뜻이겠는데, 어디에 뜬다는 말인가? 구품연지(九品蓮池)란 게 있다. 인간을 9개 등급으로 왕생케 한다는 극락에 있는 연못이다. 애초에 불국사 범영루 앞에는 가로 40m, 세로 25m의 큰 연지가 있었다고 한다. 그런데 불국사 복원 당시 그 연못은 대상에서 제외됐던 것이다.

연지는 그 자체로 극락을 상징하기도 하고, 차안(此岸)과 피안(彼岸)을 나누는 경계이기도 하다. 그런 의미에 더해 연못에 범영루를 비롯한 불국사의 누각들이 비친 모습을 상상하면, 또 아침마다 연지에서 피어오르는 안개로 한층 신비했을 불국사의 모습을 그려 보면, 연지가 복원되지 못했다는 사실이 크게 아쉽다. 그 아쉬움에 불국사 측은 범영루 앞 화단에 작은 연못의 흔적을 조성해 놓았지만, 그게 또 측은한 느낌이다.

범영루 내 법고. 좌경루 모습.

범영루 안에 들어서면 돌로 된 거북의 등 위에 법고(法鼓)가 놓여 있다. 원래 있던 종은 불국사 복원 당시 별도의 종각을 마련해 거기로 옮겼다. 종각에 북이라니! 범영루 자체의 모습도 그렇고 연지나 종각도 그렇고, 참 얄궂은 복원이었다.

어쩌면 우리가 지금 알고 있는 불국사의 모습은 본래 불국사 모습이 아닐지도 모른다. 충분한 고증과 논의 없이 단기간에 밀어붙이기 식으로 이뤄진 복원. 정수 스님은 다시 목소리를 높였다. "어렵겠지만 지금이라도 제대로 연구해서 천년 불국의 모습을 온전히 되찾아야 하지 않겠나!" 많은 이들이 귀 기울여야 할 소리겠다.

> **청운교~백운교**
> 자하문에 이르는 청운교·백운교는 그 미적 가치에서 불국사의 백미로 통한다. 하나의 다리처럼 보이지만, 대개 아래쪽 것은 청운교로, 위쪽 것은 백운교로 알려져 있다. 불국사 안내문에도, 문화재청 자료에도 그리 돼 있다. 하지만 여기에는 이견이 많다. 위쪽이 청운교이고, 아래쪽이 백운교리는 주장이디. 10세기 말의 『불국사 고금창기(佛國寺古今創記)』엔 위에서부터 자하문-청운교-백운교 순서로 돼 있는 등 옛 문헌에 그런 기록이 보인다는 것이다. 불국사 스님도 그런 의견을 피력했다. 속세를 떠난(백운) 위에 부처나 신선의 세계에 감도는 기운(청운)이 있다는 이야기였다. 이런 논란 또한 완벽하지 못한 불국사 복원의 한 아픔이겠다.
> 경북 경주시 진현동 15. 054-746-9913.

경주 천도교 용담정

하늘로부터 가르침을 얻어 도를 펼치다

6개월에 걸친 한울님과의 문답으로 천도(天道)를 완전히 깨치게 된 것이 1860년. 세상을 어지럽게 만들었다는 죄목으로 체포돼 40세의 나이로 처형당한 것이 1864년. 천도교 1세 교조 수운 최제우 대신사가 우주의 본체이자 영적인 진리로 향하는 길, 무극대도(無極大道)를 펼친 기간은 그처럼 짧았다.

하지만 '용담물이 흘러 흘러 네 바다의 근원 되리라(龍潭水流四海源)'고 예견했던 수운 대신사의 노래처럼, 무극대도는 세상에 퍼지고 퍼져 갑오년의 동학으로, 기미년의 천도교로 위세를 드러냈다. 1920년대 천도교인은 당시 한반도 전체 인구인 2천만 명의 10분의 1에 해당하는 200만 명에 달했다.

경북 경주시 현곡면 가정리 구미산(龜尾山) 자락의 용담정(龍潭亭)은 그런 천도교의 발상지다. 수운 대신사가 하늘로부터 도를 얻어 가르침을 펼친 곳이다. 당연히 천도교인들에게는 성지다. 용담정 아래 용담수도원을 세우고 주변 일대를 공원처럼 단장해 성역으로 꾸몄다.

주차장에 들어서면 바로 포덕문(布德門)이 보인다. '포덕'은 한울님의 덕을 세상에 편다는 뜻으로, 다른 종교의 전도나 포교, 선교쯤의 의미. 포덕문은 용담성지의 정문이다. 별도의 문짝 없이 네 개의 석주를 일직선상에 세우고 그 사이사이에 기와지붕을 얹었다. 불교 사찰의 일주문을 연상시킨다.

출입구를 세 칸으로 나누어 놓은 뜻은 천도교의 삼경(三敬)사상, 또는 천도교 세 가지 기본교리를 상징하겠다는 것이다. 삼경은 경천(敬天)·경인(敬人)·경물(敬物), 즉 한울과 사람과 물건을 공경하는 것이다. 세 가지 기본교리는 '사람은 물론 이 세상 만물이 모두 한울님을 모시고 있다'는 시천주(侍天主), '사람을 한울님같이 섬기자'는 사인여천(事人如天), '모든 사람이 곧 한울님'이라는 인내천(人乃天)의 진리를 말한다. 용담수도원 박남성 원장의 설명이 그렇다.

포덕문을 들어서 왼편의 수운 대신사 동상을 바라보며 300m쯤 숲길을 오르면

용담수도원.   용담성지의 정문 격인 포덕문.

오른편에 용담수도원 건물이 보인다. 정면 3칸, 측면 8칸의 팔작 기와지붕으로 평범한 전통 한옥 양식이지만 목조가 아닌 철근 콘크리트 건물이다. 포덕문도 그랬는데, 수도원 건물도 외벽이 모두 백색이다. 용담수도원뿐만 아니라 천도교의 다른 수도원 건물도 전체를 백색으로 처리하는 경우가 많다. 이는 한울님의 마음을 표현한 것이다. 안정과 평화를 나타내는 한울님의 정적인 마음이다. 수도하는 사람의 마음가짐은 모름지기 그래야 한다.

수도원을 뒤로하고 다시 100m쯤 오르면 성화문(聖化門)이 나온다. 바야흐로 성스러운 공간으로 진입하는 문이다. 포덕문과는 달리 목조 문짝을 둔 전통 한옥의 대문 양식이다. 가운데 주 출입구와 양편 보조 출입구를 가진 3칸 대문인데, 가운데 문짝에 궁을의 문양이 선명하다. '궁을(弓乙)'은 수운 대신사가 한울님으로부터 받았다는 영부(靈符)의 모양을 형상화한 것이다. 동학의 본질인 천심(天心)의 '心' 자를 표현한 것인데, 영부의 모양이 태극(太極) 같기도 하고 활 '궁(弓)' 자를 나란히 놓은 것과 같기도 하다는 데서 유래했다.

약간은 가파른 숲길. 왼편으로 계곡이 이어진다. 계곡의 물은 용담에서 시작된 물이다. 쉬엄쉬엄 오르다 보니 문득 다리가 나타나고 그 너머 마침내 용담정이 모습을 드러낸다. 다리의 이름은 용담교다. 길이 10여m의 평범한 석조 다리다. 하지만 이 다리를 경계로 저쪽은 후천(後天)의 세계요 이쪽은 선천(先天)의 세계다.

 선천은 어둠, 상극, 편협, 막힘, 치우침이 응어리진 세상이지만 후천은 밝음, 상생, 원융, 회통, 평등의 세상이다. 수운 대신사는 바로 이곳 용담정에서 선천의 세상을 '다시 개벽'함으로써 후천의 세상을 새로이 열려 했다. 왜 하필 용담정이었을까?

 박남성 수도원장이 재미있는 이야기를 들려준다. "이곳 구미산의 말뜻은 일대전환을 의미해요. 거북 구(龜)자는 '오랠 구(久)'나 '옛 구(舊)'와 서로 통합니다. 결국 구미(龜尾)는 오랜 옛 뒤끝이라는 말입니다. 오랜 옛것이 물러날 때, 곧 새로움이 밀려드는 때, 선천의 오랜 역사가 물러나고 후천의 새로운 역사가 나타나기 시작한다는 뜻인 겝니다. 수운 대신사가 이곳에서 득도하신 게 우연이 아니지요."

 시인 김지하는 "깨끗하지 못한 몸으로 이 다리를 건널 수 없다"며 돌아섰다는데, 그래도 용기를 내 다리를 건넌다. 잔돌들을 얼기설기 쌓은 축대 위에 정면 5칸, 측면 3칸의 아담한 크기로 용담정은 서 있다. 별다른 특징 없이 그냥 기와지붕의 전통 목조 한옥이다.

 안으로 들어서니 정면에 제단이 있고 그 위에 대신사의 영정이 모셔져 있다. 영정 양옆에는 궁을 영부가 또한 모셔져 있다. 찾는 이가 드문 탓인가, 제단 향로에는 향불이 다 꺼져 있다. 향에 불을 붙여 배례한 후 주위를 둘러보니 왼쪽 벽면 8폭 병풍의 글귀가 눈에 들어온다. '不知明之所在 遠不求而修我(부지명지소재 원불구이수아).' 밝음이 있는 곳을 알지 못하겠거든 멀리서 구하지 말고 스스로를 닦을지니!

　수운 대신사는 용담정에 자리 잡기 전 10여 년을 '세상을 구할 도'를 찾아 전국을 방황했다. 그러고는 내린 결론이 '다른 이가 만들어 놓은 길(道)이 아니라 스스로를 통한 길'을 찾아야 한다는 것이었다. 용담정에서의 득도는 그런 과정을 거쳐서 가능했다. 진리는 하나로 통한다 했으니, 석가모니 부처가 마지막으로 설한 "너희들은 저마다 자기 자신을 등불로 삼고 자기를 의지하라"는 가르침과 다르지 않음을 알겠다.

　용담정 옆 물 흐르는 곳에 이끼 끼어 오래돼 보이는 작은 아치형 돌다리가 보인다. 그 너머 바위틈에 석간수가 흐른다. 수운 대신사가 돌다리를 건너 청수(淸水)를 받던 곳이다. 낡은 목판에 '선경(仙境)'이라 새겨져 있다. 그만큼 천도교인들에게는 신성한 공간이다.

　하지만 이러한 성지 용담정은 현재 몹시도 쓸쓸히 세월을 삭이고 있는 모습이다. 구한말 갑오농민전쟁이 그랬고 일제하 삼일독립운동이 그랬듯이, "내 몸이 한울님"이라며 민초들의 아픔을 보듬고 그들에게 꿈을 제시했으며 민족의 독립을 염원했던 천도교는 오히려 그런 이유로 봉건정권과 일제의 탄압에 몰려 쇠락했다. 광복 이후에도 미군정의 외면, 서양종교의 유행으로 교세는 회복되지 못했다. 그 때문에 한때 우리나라 최대 교단을 자랑했던 천도교의 신자 수는 현재 10만 명 안팎으로 줄었다. 용담정을 기억하는 이도 그만큼 줄었다.

수운 대신사의 순교 이후 용담정은 폐허로 방치됐다가 이후 몇 번의 재건과 퇴락을 거듭하다 1975년 교인들의 모금에 힘입어 현재의 모습으로 정비됐다. 하지만 워낙 열악한 환경에서 급히 정비하다 보니 상징적인 건축물 하나 제대로 마련하지 못했다.

박남성 원장의 말은 아프다. "천도교만의 건축양식? 기자 양반이 한번 제시해 보시오. 아쉽지만 아직 우리는 그럴 만한 여유를 갖지 못했어요. '천도교적'이란 게 어떤 건지 학술적으로 명확치도 않고. 이제라도 그런 여건을 만들어 가야 할 텐데."

경주시가 2015년까지 모두 74억 원을 들여 '동학 발상지 성역화 사업'을 추진 중이다. 용담정 일원에 수운 대신사의 생가를 복원하고, 교육문화원과 수운회관을 조성하고, 동학 탐방로를 조사·정비한다고 한다. 천도교를 대표하는 상징적 건축물이 들어설 수 있을지 기대되는 부분이다.

"사람을 한울님으로 모셔야 한다는 수운 대신사의 가르침은 이 지구상 바로 우리들의 눈앞에서 실지로 살아서 움직이고 있다. 그 엄청난 역사가 바로 경사스러운 고을 경주 땅 용담정에서 시작됐다는 사실을 기억해야 한다." 박 원장의 이 말은 천도교 전체가 오늘날 우리 세대에게 던지는 간절하면서도 엄중한 당부로 들렸다.

용담정 인근 천도교 성지

용담정으로부터 2km 정도 떨어진 가정리 마을에 수운이 태어난 집터가 있다. 그의 생존 당시 화재로 집은 모두 소실됐는데, 그 자리에 유허비가 세워져 있다. 용담정 바로 앞 다릿골에는 수운의 태묘가 모셔져 있다. 1864년 좌도난정(左道亂正)을 이유로 대구장대에서 처형됐는데 문도들이 시신을 수습해 이곳에 안장했다. 경주에서 조금 떨어져 울산시 중구 유곡동에는 여시바윗골이 있다. 수운이 10여 년의 구도행각을 마치고 처음 정착한 곳으로 한 이인(異人)으로부터 을묘천서(乙卯天書)를 받은 곳으로 알려진 곳이다. 초당, 초가가 복원돼 있다.

경북 경주시 현곡면 가정리 산 63. 054-745-5345.

김천 평화성당

영원과 무상이 함께 만나다

알빈 슈미트(Alwin Schmid · 1904~1978) 신부가 있었다. 독일인이었지만 한국을 사랑해서 한복을 좋아했고, 한국에서 꿈을 키우다 한국에서 세상을 떠난 이. 그의 유해는 왜관 성 베네딕도 수도원 묘지에 안장돼 있다.

가톨릭 신부로서 그의 생애는 파란이 많았다. 대학에서 미술사와 조형미술을 전공했지만 미술에 대한 뜻을 접고 가톨릭 수도원에 입회했다. 한때 신의 존재를 부정하는 니체의 니힐리즘에 심취해 수도원을 떠나 방황에 접어들기도 했지만 신을 향한 열정을 거부할 수 없어 다시 신학을 공부하고 1936년 사제로 정식 서품됐다.

첫 부임지는 만주 북간도 연길(延吉) 교구. 1937년부터 9년간 북간도에서 사목 활동을 하다 공산군에 체포돼 1949년 독일로 추방됐다가 1961년 한국에 들어와 왜관 성 베네딕도 수도원에서 일생을 보냈다.

하지만 오늘날 한국 천주교가 그를 기억하는 것은 사제로서의 그가 걸었던 길

소박하면서도 단아해서 아름다운 평화성당 외부 모습.

보다는 한국식 성당 건축의 표본을 보여주었던 건축가로서의 모습이다. 한국 땅에 그가 설계했던 성당과 공소 등을 합하면 무려 180여 개의 천주교 건축물이 그의 손에 의해 설계됐다.

북간도에서 사목하면서 그는 이미 3개의 성당을 설계한 바 있었다. 독일로 추방된 뒤에는 현지에서 본격적으로 건축을 공부했다. 하지만 정작 독일에서는 성당 건축의 기회를 갖지 못했다. 그의 건축개념이 너무 혁신적이어서 당시 교회에서 수용되지 못했던 것이다.

성당 건축에 대한 알빈 신부의 지론은 '세상으로 확 열린 교회'이면서도 '전례에 부합'돼야 한다는 것이었다. 1964년 2월 가톨릭 시보에서 그는 이렇게 말했다.

"교회에는 거룩함과 세속적인 것, 영원함과 무상함이 함께 만난다. ……교회는 미사 예식을 위한 장려한 예배 공간일 뿐만 아니라 하느님 면전에서 갖게 되는 기쁨, 슬픔, 고통의 인간적인 모든 관심사를 위한 고향인 것이다. ……일방적으로 한 측면만 강조되거나 과장해서는 안 된다. 중요한 것은 그리스도의 진리에 기여하는 것이다."

경북 김천역을 마주하고 있는 고성산의 야트막한 발치쯤에 천주교 평화성당이 있다. 부속건물을 포함해 2천800㎡ 규모로 철근 콘크리트로 지어진 성당이다. 바로 알빈 신부가 한국 내에 위치하는 성당으로, 또 본격적으로 건축을 공부한 뒤로 설계한 첫 작품이다.

1958년 성 베네딕도 수도원의 파비안 담(Fabian Damn · 1901~1964 · 한국명 탁세영) 신부가 평화성당 초대 신부로 부임한다. 성전 건립을 고민하던 그는 고향 독일의 지인들에게 도움을 요청한다. 그 과정에서 알빈 신부를 소개받고 그에게 설계를 부탁한다. 알빈 신부는 첫 작품인 평화성당 설계를 완성해 보낸다.

알빈 신부는 한국에 와 보지 않고 전적으로 파비안 신부의 설명에 의거해 성당을 설계한 것이다. 하지만 오히려 그렇기 때문에 평화성당은 알빈 신부의 교회 건축 이념이 순수하게 반영된 작품이 된 것이다. 여하튼 알빈 신부는 평화성당을 계기로 3년 뒤 한국에 오게 된다.

언덕 밑에서 올려다보는 평화성당은 아담하다. 고딕이니, 바실리카니, 로마네스크니 등등 가톨릭 건축에 흔히 보이는 그런 복잡한 형태는 철저히 배제했다. 오히려 현대적인 미니멀리즘의 인상이 강하게 묻어난다. 기교나 각색을 최소화하고 신앙의 본질만을 드러내겠다는 의지가 엿보인다. 그럼에도 베이지색으로 전체 외관을 처리해 안온한 느낌이다.

마당으로 올라서니 성당 출입구가 7개나 된다. 아래로 긴 오각형의 출입구가

한 줄로 나열돼 있다. 알빈 신부는 성당 건축이 전례에 부합돼야 한다고 했다. 문 하나에도 그에 따른 의미를 부여했다. 7개의 출입구는 가톨릭 교리 중 7성사(聖事)를 상징한다. 천주교에는 하느님의 은총을 보여주는 예식으로 7가지 성사가 있다. 세례·견진·성체·고해·병자·성품·혼인 성사가 그것이다. 아무 생각 없이 성전으로 들어서지 말고 신의 은총을 마음으로 새기며 들어오라는 의미다.

전례를 중시했던 알빈 신부는 성당의 외부보다는 내부 공간을 중시했던 것 같다. 안으로 들어서니 서구 성당에서 흔히 보이는 아치형 천장 같은 화려한 장식은 거의 없다. 회중석과 측랑의 구분도 없이 그냥 장방형의 공간일 뿐이다.

외부의 빛을 끌어들이는 방식도 독특하다. 색유리를 전혀 사용하지 않고 좁은 직사각형의 창을 루버(louver)식의 일정한 간격으로 나열함으로써 순수한 자연광을 최대한 받아들였다. 신비스러운 장식을 통해 내부를 치장함으로써 신성을 표현하는 것이 아니라 재료의 솔직한 표현을 통해 성스러움을 나타내고자 한 의도이겠다.

다만, 제대 뒤 벽에 12개의 작은 창을 두고 거기에는 다양한 빛깔을 입혔다. 예수의 12제자, 즉 12사도를 상징한 것인데, 예수의 가르침을 세상에 선포하는 그들의 행적을 특별히 돋보이게 한 것이다.

성당 내부에서 가장 인상적인 것은 천장 가운데를 장축의 방향으로 가로지른 5개의 직선이다. 이 5개의 선은 제대 뒤 벽면으로 내달리며 예수상의 십자가로 수렴되는 형태를 띠고 있다. 성당으로 들어선 신자들은 그 선을 따라 자연스레 시선을 제대와 십자가로 집중하게 된다.

밖으로 나오는데 최기승 성당 사무장이 "우리 성당에는 담이 없어요"란다. 사람들이 언제라도 드나들 수 있도록 열려 있다는 이야기다. 실제 평화성당의 마당은 성당 아래와 윗마을을 연결하는 통로로 이용되고 있다. 교회가 신자들만의 닫힌 공간이 아닌 모든 이들의 열린 장소가 돼야 한다는 알빈 신부의 뜻이 지금까지 이어지고 있는 것이다.

주변에서 보면 그다지 눈에 띄지 않지만 마을 사람들의 소통과 연결의 장소로 이용되고 있는 성당, 그렇게 소박하면서도 신에 대한 경배에는 몹시도 지극한 성당. 알빈 신부가 교회 건축을 통해 한국 땅에 실현하고자 했던 종교적 이념은 그렇게 평화성당으로 대표된다 하겠다.

알빈 슈미트 신부의 작품

알빈 슈미트 신부가 1958년부터 1978년까지 20년 동안 국내에 설계한 건축물은 188개로 집계된다. 그 중 본당과 공소 등 성당 건축 관련 건물이 124개, 학교나 병원 등 일반 건축물이 64개다. 본국에 휴가 간 1909년과 1975년, 병환으로 수술한 1970년 등 3년을 제외하면 한 해 평균 10건이 넘는 건물을 설계한 셈이다. 성당 건축물로는 경북 김천 평화성당을 비롯해 경북 문경 점촌성당, 부산 구포성당, 부산 해운대성당, 경북 상주 함창성당, 충북 보은 보은성당, 전북 전주 복자성당, 경북 칠곡 왜관성당, 경북 왜관 수도원성당, 서울 구로3동성당, 인천 산곡성당 등이 꼽힌다. 평화성당은 그런 그의 초기 대표작으로 의미를 갖는다. 경북 김천시 평화동 406-1. 054-434-1785.

영주 풍기동부교회

새 하늘과 새 땅을 향한 요한계시록의 구현

"나는 주님의 날에 성령의 감동을 받고 내 뒤에서 울려오는 나팔소리 같은 큰 음성을 들었습니다. 그 음성은 나에게 '네가 보는 것을 책으로 기록하여…… 일곱 교회에 보내라'고 말씀하셨습니다. ……돌아서서 보았더니 황금 등잔걸이 일곱 개 있었고 그 일곱 등잔걸이 한가운데에 사람같이 생긴 분이 서 계셨습니다. 그분은…… 오른손에는 일곱 별을 쥐고 계셨으며…… 나에게 오른손을 얹으시고 이렇게 말씀하셨습니다. '일곱 별은 일곱 교회의 천사들이고 일곱 등잔걸이는 곧 일곱 교회이다.'"

요한계시록에 나오는 이 구절을 두고 교회사가들은 말이 많다. 도대체 일곱 교회가 무슨 의미냐는 거다. 계시록에는 일곱 교회의 이름이 구체적으로 나온다. 어떤 이들은 이들 교회가 현재 터키 등에 흔적이 남아 있다며 성지순례 대상지로 삼기도 한다. 하지만 교회사가들은 계시록에서 언급된 일곱 교회의 의미가 당시 소아시아에 실제 있었던 일곱 교회에 그치는 것은 아니라고 본다. 말이 일곱이지 사실은 '재림 때까지 각 시대의 교회를 대표'한다거나, '교회사를 일곱 등분으로 나눈 예언의 말씀'이라거나, '당시의 일곱 교회를 통해 전 세계에 보내어진 계시'라거나, 혹은 '완전을 상징하는 일곱으로 전체 교회의 대표로 삼았다'는 식이다.

논란은 분분하지만 거칠게 뭉뚱그려 말하자면, 일곱 교회는 '모든 시대의 전 세계 교회, 즉 전체로서의 교회'로 정리된다. 신의 계시가 실현되고 있음을 성령을 통해 증거하고 지켜내는 완전한 교회의 모습을 상징한다고 하겠다.

경북 영주시 풍기동부교회 앞에 서면 가장 먼저 맞닥뜨리는 것이 거대한 기둥들이다. 교회건물 전면에 10여m 높이의 둥근 기둥들이 수직으로 내려서 있는 것이다. 이 교회 사람들은 이를 기둥숲이라 부르는데, 일정한 규칙 없이 자유롭게 배열돼 있기 때문이다. 세어 보니, 모두 7개다.

바로, 요한계시록의 일곱 교회를 상징한 것이다. 기둥들은 하중을 견뎌 내야 하는 역할보다는 그런 상징의 의미로 세워졌다. 수직으로 내려서 있는 기둥들은 엄숙하고 장중하다. 신의 장막을 온전히 떠받치는 교회 본연의 의무를 다하겠다는 다짐을 그렇게 엄숙하고 장중하게 선언하고 있는 것이다.

대한예수교 장로회 소속으로, 올해 57년의 역사를 가진 풍기동부교회는 예전에는 붉은 벽돌조로 다소 딱딱한 인상의 외양을 가진 교회였다. 교회당의 위치도 사람들이 다니는 도로로부터 깊숙이 물러나 있어 사람의 접근을 꺼려하는 듯한, 그래서 폐쇄적으로 느껴지던 곳이었다. 그랬던 것을 2006년 기존 교회당에 인접해 새 교회당을 지었다. 증축한 것인데, 새 교회당은 기존 교회당과는 현저히 다른 모습을 띠게 됐다.

먼저 주 교회당을 도로 면으로 바싹 다가서게 했다. 이웃과 도시를 향해 한껏

열린 정면을 갖도록 의도한 것이다. 그런 의도는 교회당 전면을 속이 다 드러나는 유리로 마감한 데서 더욱 강조됐다. 교회 내부에서 일어나는 움직임들이 밖으로 잘 드러나 보이게 함으로써 교회와 이웃 간의 교류를 적극 수용하겠다는 뜻을 밝힌 것이다. 그 결과 도로와 면한 교회 1층 로비홀은 오다가다 만난 사람들이 앉아 차 마시며 대화하는 열린 휴식처로 기능하게 됐다.

콘크리트를 그대로 노출시킨 지하 1층·지상 3층 규모의 교회당 형태도 첨탑의 전통 형태에서 크게 벗어나 직육면체로 단순화시켰다. 언뜻 보면 교회라기보다는 마치 무슨 극장이나 공연장, 갤러리 같다. 대신, 교회당 옆에 별도로 직선으로 곧게 솟은 탑을 세우고 그 위쪽 뚫린 공간에 십자가를 안치했다. 사방에서 십자가가 보이는 덕분에 마침내 여기가 교회임을 깨닫게 된다.

교회당으로 들어가려면 도로와 접한 공간에 설치된 수(水)공간을 지나야 한다. 7개의 거대한 원형 기둥은 이 수공간에서 처마처럼 나온 건물 상층부를 연결하고 있다. 기둥들은 요한계시록의 일곱 교회를 의미하기도 하지만 동시에 이 수공간과 함께 교회의 내·외부를 부드럽게 분리한다. 신의 공간과 인간의 공간이 서로 다름을 규정한 것이다.

풍기동부교회의 내부는 빛의 성스러운 효과 덕분에 저절로 경배의 마음을 갖게 한다.

수공간을 건너고 기둥의 숲을 지나면서 사람들은 교회당이 바깥세상과는 또 다른 영역임을 자연스럽게 인식하게 되는 것이다. 이 수공간은 특히 교회를 드나드는 이들에게 세례의 상징적 의미로 다가선다.

안으로 들어서, 2층 예배당으로 가는 길은 완만한 경사길이다. 계단은 설치하지 않았다. 장애인을 생각한 것이기도 하지만, 한 발 한 발 걸으며 영적인 감흥을 느끼라는 배려다. 경사길 오른쪽 벽면에는 흰색으로 깔끔히 정리된 다른 벽면과는 달리 검회색 석재를 거칠게 쪼아낸 그대로 설치했다. 먼 옛날 교회의 수난사를 간직한 '통곡의 벽'을 연상시킨다. 경사길 중간쯤 꺾어져 도는 곳 맞은편 벽면에 설치된 붉은색 십자가 조명이 천장의 창을 통해 쏟아지는 자연광에 어울려 이채롭다.

빛은 옛날부터 건축가들이 성스러움을 표현할 때 필수적으로 사용했던 요소다. 지붕의 돔이나 스테인드글라스 등 천상의 빛을 내부로 끌어들이는 것이 교회 건축의 주요 목표였다. 빛은 그 자체로 구원이자 영광이며 신비였기 때문이다. 현대에 들어서는 자연 그대로의 빛뿐만 아니라 다양한 기법과 장치를 통해 인공을 가미한 빛으로 성스러운 느낌을 배가시킨다.

풍기동부교회는 빛의 그런 효과에 특히 세심하게 신경을 썼다. 진입로에서도 그러했거니와 예배실에서도 그러하다. 예배실 안으로 들어서면 감탄사가 먼저 나온다. 제대 오른쪽 벽면이 크고 작고 길고 짧은, 또 붉고 푸르고 노란 사각의 빛들로 점점이 장식돼 있다. 전기로 만든 빛이 아니다. 밖의 자연광이 색깔 입힌 사각의 창을 통해 투사된 빛들이다. 스테인드글라스와는 또 다른 느낌. 이 화려한 빛의 연출을 통해 생기는 몽환적 분위기는 예배실 내부 공간에 흡수·확산되면서 자연스레 신에 대한 경배의 감흥을 불러일으킨다.

미국의 신학자 하비 콕스는 교회의 유형을 '자유와 정의를 향한 출애굽기 교회', '감사와 축제가 있는 시편의 교회', '새 하늘과 새 땅을 향한 요한계시록의 교회'로 나누어 설명했다. 그에 따른다면 풍기동부교회는 요한계시록의 교회이겠다.

지금이 복음을 증거하는 사역들이 풍성해야 할 때임을 느낀다는 김범진 담임목사는 "역사의 현장 한가운데서 오직 주님만 바라보고 행동하는 참된 기독 공동체의 정체성을 변함없이 지켜 나갈 것"이라고 밝혔다. 7개의 기둥으로 든든하게 버티고 서서 언제든지 부르심에 응하는 건강한 교회! 풍기동부교회의 모습은 그랬다.

> **풍기동부교회**는
> 대한예수교 장로회 소속으로 1952년 중앙교회라는 이름으로 시작됐다. 이듬해 동부교회로 명칭을 바꾸었다. '진리로 세상을 밝히는 교회'라는 이사야서의 구절을 모토로 내세우며 경북 영주 지역의 중견 교회로 활동하고 있다. 현재의 예배당 건물은 1976년 지어진 붉은 벽돌 건물을 증축한 것인데, 이로써 교회 면모를 일신했다.
> 경북 영주시 풍기읍 동부2리 550. 054-636-3022.

부석사. 676년 신라 문무왕의 명을 받들어 의상 대사가 창건한 한국 화엄종의 근본도량.
1천 년의 세월을 수이하게 넘기면서 부석사는 우리나라에서 가장 아름다운 불교 건축물이라 불리게 됐다.
특히 건축하는 사람들에게 부석사는 '영원한 고전'으로 통한다.

불교 건축의 영원한 고전으로 통하다

영주 부석사

　　출발 전부터 슬금슬금 밀려왔던 불안감이 어느새 사라졌다. 금세 비라도 흩뿌릴 것 같았던 먹구름이 거짓말처럼 하늘 한편으로 밀려난 것이다. 덕분에 경북 영주시 봉황산의 짙은 녹음은 제대로 빛을 발했다.

　　부석사. 676년 신라 문무왕의 명을 받들어 의상 대사가 창건한 한국 화엄종의 근본도량. 1천 년의 세월을 수이하게 넘기면서 부석사는 우리나라에서 가장 아름다운 불교 건축물이라 불리게 됐다. 특히 선축하는 사람들에게 부석사는 '영원한 고전'으로 통한다. 지형을 적극 이용한 공간 구성의 뛰어남이 그렇고, 특히 '고려시대 목수들이 창조했던 목구조의 법식을 거의 완벽하게 보여준다'는 무

부석사 오르는 길의 석판과 석축. 흔들림 없이 굳건한 불법의 세계를 보여준다.

량수전의 구조적 아름다움이 있어 더 그렇다.

그러나 개인적으로 부석사의 참된 아름다움은 그런 외적인 것보다 산 아래 속계에서 한 발 한 발 극락의 정토로 오르는 내적 여정에 있는 것으로 안다. 그 여정은 변화하는 고저의 지형에 따라 층층이 펼쳐진 석축, 그 석축과 석축을 연결하는 돌계단을 밟는 행위로, 곧 마음 씻음의 과정이다.

석축은 무량수경의 삼배구품(三輩九品) 교리에 따른 아홉 단이니 화엄경 입법계품의 십지론을 따른 열 단이니 설이 분분하지만 복잡한 그런 교리에 얽매일 필요는 없다. 부석사 석축이 자체로 갖는 아름다움과, 거기를 계단을 통해 하나씩 오르며 영혼이 맑아짐을 느끼면 그것으로 온전한 것이다.

매표소에서 비교적 얌전한 길을 걷다 일주문을 지나면 은행나무 좋은 오솔길을 만나게 된다. 하지만 곧바로 나타나는 천왕문부터는 가파른 계단길이 시작된다. 천왕문을 떠받치는 석축단이 돋보인다.

종잇장 하나 들어갈 틈이 없다는 이집트나 잉카의 석축이 지나치게 인공적이어서 삭막하다면, 부석사의 석축은 자연스러운 가운데 여유롭다. 오르내리는 지형의 변화에 맞춰 얼기설기 쌓은 이 석축은 그 덕분에 오히려 주변과 조화되며 장중하게 지형을 안정시킨다. 이런 석축은 천왕문을 지나 안양문에 이르기까지 반복하며 장관의 파노라마를 연출한다. 속계에서 묻혀 온 마음의 때는 그런 석축을 한 단씩 지나면서 조금씩 떨어져 나간다.

천왕문을 지나 계속 오르면 범종루가 나타난다. 2층의 이 누(樓)는 특이하다. 앞면 3칸, 옆면 4칸이다. 보통 건물과는 달리 앞이 옆보다 짧은 것이다. 가만 보면 그럴 수밖에 없는 것이 누는 뒤편 무량수전으로 향하는 길고 좁은 길 위에 있다. 누 아래 1층의 빈 공간은 사람들이 다녀야 하는 통로인 것이다. 형식에 얽매이지 않고 쓰임에 맞게 지은 것이다.

범종루 아래를 지나면 다음 차례는 안양루다. 이 역시 가파른 계단을 올라야 한다. 희한하게도 턱 높은 계단을 오를 때마다 벌거벗은 몸이 되어 저절로 공중으로 오르는 느낌을 받는다. 문득 깨닫건대, 부석사의 돌계들은 제멋대로여서 소박하다. 난간 따위 치장은 전혀 없이 그냥 장대석들을 단순하게 쌓았을 뿐이다. 그런데도 매우 안정돼 보인다.

여기에는 묘한 비밀이 있단다. 각각의 계단들 중 아래 장대석이 위쪽 장대석보다 가로 폭이 크다는 것. 실제 안양루 앞의 높이 4.6m 계단은 가장 위 돌의 폭이 2.64m인데 가장 아래는 3.15m로 51㎝만큼 크다. 범종루 앞 계단 등 부석사의 다른 계단도 그렇단다. 우연이 아니라 의도한 것이란 이야기다. 위가 좁고 아래가 넓으니 올라갈 때는 자연스레 시선을 위로 끌어올리고, 내려올 때는 심적인 안정감을 주게 한 것이다.

여하튼 우뚝 솟은 안양루의 모습은 뒤편으로 언뜻 보이는 무량수전과 함께 부석사에서 맛볼 수 있는 시각적 아름다움의 절정이다. 앞면 3칸, 옆면 2칸의 겹처마 팔작지붕을 하고 있는 안양루는 무량수전으로 향하는 출입문의 역할을 한다. '안

낡은 목구조의 부석사는 그래서 더 아름답다.

양(安養)'은 극락을 달리 일컫는 말. 따라서 안양루를 통과한다는 것은 곧 극락정토에 진입한다는 의미다.

안양루를 오르면 풍경과 분위기는 한순간에 급변한다. 사방은 지극히 고요한데 뒤돌아서면 끝없이 펼쳐진 산들 위로 구름의 바다가 펼쳐진다. 여러 고비의 오르막을 마지막까지 참고 견뎌낸 이에게 마침내 허락하는 극락의 모습인 것이다.

이제 보이는 것은 그 유명한 무량수전이다. 국보 18호. 우리나라 전통 건축의 최고봉. 건물 모퉁이 기둥의 윗부분을 수직선보다 약간 안쪽으로 기울여 세우는 안쏠림, 기둥 가운데 부분을 불룩하게 깎는 배흘림, 양끝 기둥을 다른 기둥보다 약간 높게 세우는 귀솟음 등 건물의 시각적 인상을 위해 고안된 여러 기술을 비롯해 산세와 극적인 조화를 이루는 처마 곡선 등 한국 목조건물의 특징이라 할 수 있는 모든 기법이 완벽히 나타나 있다는 평가를 얻은 건축물이다.

옛 사람들이 이토록 공을 들여 무량수전을 지은 까닭은 무엇일까? 무량수전이란 무량수불을 모신 곳이라는 뜻인데 무량수불은 아미타불의 다른 이름이다. 아미타불은 서방정토극락세계를 주재하는 부처. 극락은 만인의 꿈. 그런 곳을 상징하는 건물을 허투루 지을 리가 없다. 혼과 열정을 다하는 법이다.

무량수전의 안을 보면 주존인 아미타불이 여느 사찰과는 달리 가운데서 남쪽을 바라보지 않고, 동쪽에 모셔져 서쪽을 바라보고 있음을 알게 된다. 극락정토는 곧 서쪽에 있음을 상징한 것이다. 무량수전 앞마당에도 탑 대신 광명극락을 뜻하는 석등이 세워져 있다. 무량수전 공간의 모든 구성이 정토사상을 구현하고 있는 것이다.

그런 무량수전의 뜻을 새기며 부석사의 해지는 풍경에 취해 있는데 저 아래서 두두두둥 북이 울린다. 법고 치는 소리다. 부석사가 품은 극락정토에의 염원이 법 알리는 그 소리에 얹혀 사바세계로 멀리멀리 퍼져 나가는 것일 테다.

> **부석사의 로맨스**
>
> 부석사의 창건설화는 유명하다. 29세 한창 나이 신라승 의상은 당나라로 유학을 떠난다. 고생 끝에 당나라에 도착한 의상은 그만 병이 나 어느 장인의 집에 묵게 된다. 그런데 선묘라는 장인의 딸이 의상에게 홀딱 반한다. 애써 유혹하나 의상은 꿈쩍도 않는다. 절망한 선묘. 유학을 끝내고 귀국하는 의상. 선묘는 끝내 바다에 몸을 던진다. 죽어서도 의상을 잊지 못한 선묘는 용이 돼 의상의 뱃길을 지킨다. 귀국한 의상은 지금의 부석사 자리에 절을 지으려 하나 산적들의 횡포가 무섭다. 용으로 변한 선묘는 큰 바위를 띄워 산적들을 위협해 의상에게 귀순하게 한다. 돌을 띄운 절, 부석사는 그렇게 세워졌다. 여자가 한을 품으면 오뉴월에도 서리가 내린다고 했으나, 반면에 여자의 지극한 애정은 세상을 바꾸는 법이다. 부석사에서 여자의 그런 무서움(?)을 절감해 볼 일이다.
>
> 경북 영주시 부석면 북지리 148. 054-633-3464.

안동 봉정사 영산암

허(虛)의 미학, 비움으로써 채우다

건축가 승효상은 "축복이며 신비"라고 했다. 몇 년 전 영산암(靈山庵)의 누대에 올라 쏟아지는 햇살 속에 몸을 맡기고 사바와 극락의 경계에서 삶을 관조하고 있는 자신을 보고는, 그리 말했던 것이다.

사람에 따라 영선암(靈仙庵)이라 부르기도 하는 영산암은 경북 안동시 봉정사에 딸린 암자다. 벽촌에서도 외진 곳에 있는, 그 작은 암자의 무엇을 보고 승효상은 그런 감동을 받은 걸까.

우리나라 최고(最古) 목조건물이라는 봉정사 극락전을 보고 오른편으로 대웅전을 지나 100m쯤 걷다 보면, 6월의 짙은 녹음에 물든 돌계단을 보게 된다. 예전에는 봉정사에서 영산암까지 가려면 계곡을 건너고 산길을 오르는, 제법 힘든 과정을 거쳐야 했는데, 중생의 그 고단함을 덜어주고자 근래에 지름길로 놓은 계단이란다.

아무튼 그 계단을 오르면, 영산암의 퇴락한 모습을 마주하게 된다. 웅장·화려함과는 전혀 거리가 먼, 고색이 너무 완연해 초라하기까지 한 작은 암자다. 참 답답하다. 건물이 전체적으로 'ㅁ'자형으로 구성돼 암자 주위 사방 어디에서도 안쪽이 드러나 보이지 않는다. 꽉 막힌, 세상과의 인연은 끊어 버리고 살겠다는 저네 수도승들의 다짐일까.

특히 전면의 우화루(雨花樓)는 쉽사리 외부인에게 속을 허용하지 않겠다는 듯 긴 세월의 무게를 드러내 보이며 절 찾은 나그네의 시선을 가로막는다. 겨우 출입을 위한 사각의 통로만 누 아래 열어 놓았는데, 그나마 밖에서 보면 돌계단만 보일 뿐 안은 보이지 않는다.

영산암의 속을 보려면 먼저 머리를 조아려야 한다. 누 아래 통로를 지나야 하는데, 높이가 겨우 1.5m 정도라 자연히 고개를 숙이지 않을 수 없는 것이다. 그렇게 겸손을 안고 낮고 어두운 누 아래를 지나 한 길 높이의 돌계단 앞에 서면 비로소 그 위에 마당과, 마당을 둘러싸고 있는 응진전, 염화실, 송암당, 삼성각, 우화루, 관심당 등의 건물이 있음을 보게 된다.

구성은 단순한데, 찬찬히 둘러보면 암자가 앉은 모양새가 범상치 않다. 영산암을 찾는 이들은 누구나 그렇게 느끼는 모양이라, 마침 부산에서 왔다는 김영미(44)씨는 "특별한 문화재도 없고 긴물들도 얼기설기 엉성하게 지어놓은 듯한데, 그런데도 참 예쁜 절이라는 느낌이 든다"며 "묘하다"고 했다. 여기에는 이유가 있다.

영산암은 비탈진 지형 탓에 크게 3단의 마당으로 구성되는데, 우화루 아래의 아

랫마당, 요사채로 쓰이는 관심당과 염화실이 마주보고 있는 빈 공간의 중간 마당, 그리고 삼성각과 법당인 응진전이 있어 신성한 공간인 윗마당이 차례차례 펼쳐져 있다. 우화루 밑에서 보면 그 마당들은 축대와 불규칙한 돌계단들로 오르내리며 이어져 있다. 높낮이에서 오는 리듬과 운율이 있다.

출입구인 우화루 아래에서 보면 신기하게도 눈길은 정면 상단에 있는 응진전이 아니라 10시 방향 사선으로 먼저 끌려든다. 조경용으로 남겨 두었음직한 커다란 바위와 그 바위를 뚫고 자랐다는 소나무가 시각의 초점이 되기 때문이다. 희한하게도 영산암을 찾는 사람들 대부분의 발길도 그 시선에 따른다. 우화루 출입구 정면에 있는 응진전을 제쳐두고 왼편 대각선 방향의 계단으로 올라 송암당과 삼성각을 본 뒤 비로소 오른쪽으로 꺾어 응진전에 들어 예불을 올리게 되는 것이다.

가만 보면 영산암 탐방객 중 열에 일고여덟은 그 동선을 밟는다. 이는 우연이 아니라 영산암을 조성한 이의 속 깊은 의도가 작용한 것이다. 바위와 소나무의 조경은 물론 출입구를 우화루의 가운데가 아닌 오른쪽 끝부분을 열어 놓아 그 축선에 있는 응진전이 오히려 오른편에 치우쳐 보이게 한 점이나, 같은 3단의 마당에 있는 삼성각을 응진전 뒤쪽으로 들여앉힘으로써 공간을 더욱 확장돼 보이게 한 점 등이 그렇다.

영산암이 언제 누구에 의해 지어졌는지는 불분명하다. 단지 봉정사의 여러 기록에 따르면 19세기 말쯤에 지어진 것으로 추정될 따름이다. 이름 모를 그 장인의 의도는 영산암 탐방의 절정을 응진전에 두자는 것으로 짐작된다. 응진전에서 예불을 올리고 나오면 바로 보이는 것이 우화루를 통해 보이는 사바세계의 모습이다.

응진전에서 둘러보는 영산암의 모습은 밖에서의 폐쇄적인 모습과는 현저히 다르다. 응진전 툇마루에 앉아 가만 보니 우화루는 벽체를 없애 안팎을 틔워 놓았고, 우화루에 연결된 오른편의 송암당도 누마루(누각처럼 만든 마루)로 처리해 역시 바깥의 세상과 통하게 열어 놓았다. 밖에서의 영산암이 단절과 축소였다면, 안에서의 영산암은 개방과 확장의 의미를 갖게 된 것이다.

영산암은 그런 특성으로 인해 텅 비어 있는 속에 바깥세상을 가득 끌어들인다. 비움으로 인해 채울 수 있다는 불교의 진리를 웅변으로 말해주는 셈이다.

건축의 완성은 개별 건물의 화려무비(華麗無比)한 조작이 아니라 물처럼 자연스레 흐르는 공간의 이동과 그 속에서 주변 자연과 하나가 되게 하는 짜임일 터이다. 그리 본다면 영산암은 그런 완성에 가깝다고 볼 수 있겠다. 비록 개별 건물들은 낡고 엉성하지만, 그런 퇴락한 건물들이 서로 어울려 자연스러운 흐름과 비움의 공간을 연출해 냄으로써 포근하면서도 주변 자연과의 일체감으로 충만케 한다.

승효상의 감동은 어쩌면 그렇게 비움으로써 가득 채워지는 충만감에 따른 희열은 아니었을까. '허(虛)의 미학'의 정수를 그는 영산암에서 보았는지도 모르겠다.

> **봉정사**는
> 신라 문무왕 12년(672)에 의상 대사의 제자인 능인 스님이 창건한 사찰. 능인 스님이 도력으로 종이 봉황을 접어서 날리니 이곳에 와서 머물러 산문을 개산하고, 봉황이 머물렀다 해서 '봉황새 봉(鳳)' 자에 '머무를 정(停)' 자를 따서 봉정사라 명명하였다 한다. 국보 제15호인 극락전, 보물 제311호인 대웅전, 보물 제1614호 후불벽화, 보물 제1620호 목조관세음보살좌상, 보물 제448호인 화엄강당, 보물 제449호인 고금당 등의 문화재가 있다. 영산암은 그런 봉정사의 대표적 부속 암자다. 경북 안동시 서후면 태장리 901. 054-853-4181.

대한민국
종교건축 취재기

세상을 품은 아름다운 자비

순천 송광사 우화각·능허교_ 전주 전동성당_
전주 서문교회_ 영광 원불교 영산성지_
구례 화엄사 각황전_ 익산 나바위성당_
익산 원불교 중앙총부 대각전과 소태산기념관_

순천 송광사 우화각·능허교

불국(佛國)으로 가는 다리

"그 뜻이 높은 사람으로 티끌 같은 세상을 벗어나 세상 밖에서 노닐며 마음 닦는 도를 오로지 하려는 이는 다 오라!"

고려의 국운이 기울어 가던 1190년, 30대 초반의 기운 쟁쟁한 지눌(知訥·1158~1210) 스님은 결사문(結社文)을 발표한다. 당시는 불교계 밖으로는 무인들이 정사를 농단하고 안으로는 교종과 선종의 대립이 극심했던 때. 혼탁한 세상, 모든 것 다 버리고 도(道) 한번 제대로 닦아 보자는 게 지눌의 외침이었다. 교와 선, 정과 혜를 아우르는 불교 수행의 본모습을 되찾자는 것이었다.

지눌이 그 정혜결사(定慧結社)의 근거지로 삼은 곳이 전남 순천의 조계산 자락에 있는 송광사다. 신라 말 길상사라는 이름의 작은 절이었던 송광사는 지눌의 정혜

결사로 인해 중창을 거듭, 오늘날 승보사찰로 불리게 됐다.

지눌이 목적했던 바, 송광사는 '티끌 같은 세상의 밖'이다. 그런 만큼 바깥세상에서는 '함부로' 접근해서는 아니 되는 별개의 세계다. 송광사로 오르는 길에 유독 마음 씻음을 강조하는 곳이 많음은 그 때문이다.

절 아래 주차장에서 일주문까지는 멀지도 가깝지도 않은 거리. 천천히 걷다 보면 저만치서 누다리가 나타난다. 누다리는 누각과 다리를 합친 구조물. 다리 위에 누(樓)를 올린 것이다. 청량각(淸凉閣)이다. '청량'은 '맑고 깨끗함'이니 세속의 번뇌를 이곳에서 말끔히 씻고 가라는 의미다.

숨을 고르고 계곡을 따라 다시 걷다 보면 비로소 절집으로 향하는 분위기가 느껴진다. 길을 따라 나무숲이 울창한데, 거기에 묻어 있는 가을색이 완연하다. 송광사 역대 고승들의 부도와 비를 모아 놓은 비림(碑林)을 지나면, 마침내 일주문을 보게 된다. 짧으면서도 육중한 일주문을 넘어서면, 마침내 송광사 최고 경치라는 우화각(羽化閣)을 마주하게 된다.

그런데 우화각 맞은편에 조그만 건물 두 채가 나란히 서 있다. 한옥으로는 드물게 한 칸짜리 건물이다. 척주각(滌珠閣)과 세월각(洗月閣)이다. 다른 절에서는 보기 힘든, 송광사 특유의 건물로, 죽은 사람의 위패를 잠깐 모시는 곳이다. 재를 지내기 위해 절 안으로 들어가기 전에 망자의 영혼에 묻어 있는 속세의 찌꺼기를 씻어내는 장소.

척주각은 남자, 세월각은 여자의 위패를 모신다. 남자는 구슬(珠), 여자는 달(月)에 비유한 옛 사람들의 발상이 묘하다. 마침 지나는 학승이 한마디 던지고 간다. "죽은 사람보다는 산 사람에게 마음때를 씻어내라는 의미겠지요."

우화각은 능허교(凌虛橋)라는 다리와 한 묶음으로 봐야 한다. 다리 위에 세워진 누각으로, 절 입구의 청량각처럼 누다리 형태인 것이다.

반원의 능허교는 스스로를 물에 비춤으로써 비로소 온전한 원이 된다. (왼쪽)
침계루 아래 벽면의 환기창이 이색적이다. (오른쪽)

송광사 앞으로는 조계산에서 내려오는 맑은 계곡물이 흐른다. 이를 건너야 비로소 절 안으로 들어갈 수 있는데, 능허교는 그를 위해 조선 숙종 대에 만들어졌다고 한다.

돌로 지어진 능허교는 삼청교(三淸橋)라고도 불리는데, '능허'는 '허허로운 하늘로 오른다'는 뜻이고, '삼청'은 '옥청(玉淸), 상청(上淸), 태청(太淸)으로 신선이 사는 곳'을 뜻하는 것이니, 둘 다 속세와는 다른 별세계, 불국(佛國), 이상향으로 가는 다리를 염원한 것이다.

능허교는 홍예(虹蜺)다리다. 아래 가운데 부분을 19개의 장대석으로 짜 올려 반원형의 아름다운 홍예(무지개) 모양을 이루고 있다.

우화각은 그 능허교의 상층 부분을 기단으로 삼아 정면 1칸, 측면 4칸으로 지어졌다. 양편에 장대석 4개를 연결해 낮은 난간으로 삼았고, 둥근 기둥 위에 공포를 올린 주심포양식이다.

기와를 올린 지붕은 입구 쪽은 팔작, 뒤쪽은 맞배지붕으로 서로 다르게 꾸몄다. 이는 우화각 뒤에 바로 붙어 있는 천왕문과의 공간배치 때문에 그리 한 것으로 보인다. 안쪽에 두 짝의 널문을 달아 여닫을 수 있게 한 문루 형식이라 누다리 건물

신선으로 탈바꿈하는 곳, 우화각과 능허교.

로는 특이하다. '우화' 역시 신선으로 탈바꿈하는 과정이니 '능허'나 '삼청'과 짝을 이루는 이름이라 하겠다.

그렇게 내포된 의미와 함께 우화각과 능허교가 맑은 계곡물에 어우러져 만들어 내는 정취는 송광사 가을 풍경의 압권이다. 유려한 무지개다리와 누각이 하늘과 구름, 나무와 함께 맑은 수면에 투영된 모습은 송광사가 선계(仙界)나 불국(佛國)에 다름 아님을 알게 해 준다.

마치 땅의 일부를 점하고 있는 공간이 아니라 허공에 부유하는 환상의 공간처럼 여겨진다. 여기서 마음은 저절로 청정해진다. 옛 사람들도 그러했던지 우화각 안에는 시인·묵객의 시문이 점점이 걸려 있다.

우화각의 그런 정취를 더해 주는 건물이 옆에 있다. 임경당(臨鏡堂)과 침계루(枕溪樓)다. 임경당은 '거울처럼 맑은 물에 가까이 있는 집'이란 뜻으로, 우화각의 오른편에 있는 아름다운 건물이다. 건물 일부가 계곡 쪽으로 튀어나와 아래 두 기둥이 계곡물에 드리워져 있다. 그 모습이 우화각과 능허교의 운치를 한층 돋워준다. 우화각 난간에 걸터앉아 임경당을 바라보노라면 마음은 거울 같은 계곡물처럼 잔잔해진다.

우화각 왼쪽의 침계루는 사자루(獅子樓)라고도 불리는 정면 7칸, 측면 4칸의 제법 큰 2층 누각이다. 아래층 벽에 환기창을 내었는데, 암키와를 두 개씩 맞붙여서 꽃모양을 만들었다. 정겨운 모양새다. 하지만 '계곡을 베고 누웠다'는 이름처럼 계곡을 따라 늘어선 육중한 나무 기둥들은 승보사찰 송광사의 흔들림 없는 힘을 보여주는 듯하다.

우화각 뒤편에 접해 있는 천왕문은 2009년 10월 현재 보수공사 중이다. 보통 때라면 우화각~천왕문~대웅전으로 오르는 길이 한눈에 보였을 텐데, 아쉬웠다. 아쉬움은 또 있다. 우화각을 가장 보기 좋은 곳, 임경당 아래쪽에는 이전에는 징검다리가 있어 정취를 더했으나 지금은 그 위에 딱딱한 철제 다리를 설치해 놓아 행로에는 편해졌으나 뭔가 삭막하고 생뚱맞은 느낌이다.

송광사의 힘은 사람에게서 나온다. 부처(佛)나 가르침(法)이 아니라 현재의 수행자(僧)를 가장 보배롭게 여기는 데서 나오는 힘이다. 옛날 송광사를 통해 배출된 국사(國師)가 16명. 1명도 내기 힘든 국사를 16명이나 배출한 것은 송광사에서의 수행이 얼마나 힘 있는 것인지 여실히 증명해 준다.

송광사 승려들의 수행정신이 어떠한지 보여주는 대목이 능허교에 있다. 무심코 지나치기 쉬운데, 능허교 아래쪽 홍예 한가운데에 수면을 향해 배꼽처럼 툭 튀어나온 돌로 만들어진 구조물이 있다. 여의주를 물고 있는 용머리다. 이 용머리상은 수살막이, 즉 계곡물로부터 음습하는 나쁜 기운을 용의 기운을 빌려 차단하는 역할을 한다. 그런데 그 용머리 입 부분에 엽전이 철사에 꿰어져 매달려 있다. 웬 엽전?

전하는 이야기는 이렇다. 능허교를 놓을 때 시줏돈을 받았는데, 다리를 완공하고 보니 시줏돈 중에서 그 엽전이 남았다. 공사를 감독하던 스님은 그걸 자기 주머니에 넣지 않고 다리 아래에 매달아 놓은 것이다.

사실 여부를 떠나, 엽전 한 닢도 허투루 가지려 하지 않는 반듯한 수행자의 모

다리를 완공하고 보니 시줏돈 중에서 엽전이 남았다.
그 엽전 한 닢을 다리 아래에 매달았다.
엽전 한 닢도 허투루 가지려 하지 않는 반듯한 수행자의 모습을
송광사는 오늘에 기억하려는 것이다.

습을 송광사는 오늘에 기억하려는 것이다. 모름지기 수행자의 마음은 그처럼 속된 욕심 하나 없이 깃털처럼 가벼워야 하는 법이다.

 육당 최남선은 저작 『심춘순례』에서 송광사를 "조선불교의 완성지"라고 했다. 우화각과 능허교, 그 아래의 엽전은 육당의 그 말이 결코 빈말이 아님을 알게 해 준다.

> **송광사 16국사는**
> 송광사가 승보사찰로 불리게 된 것은 창건 이후 조선조까지 무려 16명의 국사를 배출한 때문이다. 1세 보조 지눌(普照知訥), 2세 진각 혜심(眞覺慧諶), 3세 청진 몽여(淸眞夢如), 4세 진명 혼원(眞明混元), 5세 원오 천영(圓悟天英), 6세 원감 충지(圓鑑沖止), 7세 자정(慈靜), 8세 자각(慈覺), 9세 담당(湛堂), 10세 혜감 만항(慧鑑萬恒), 11세 자원(慈圓), 12세 혜각(慧覺), 13세 각진 복구(覺眞復丘), 14세 정혜(淨慧), 15세 홍진(弘眞), 16세 고봉 법장(高峯法藏). 현재 송광사의 국사전에는 그들의 영정이 봉안돼 있다.
> 전남 순천시 송광면 신평리 12. 061-755-0107.

고색이 창연한 아름다운 자비

전주 전동성당

우리나라에서 가장 아름다운 교회 건축물이라는 말이 허투루 나온 것이 아님을 알겠다. 전북 전주의 전동성당을 두고 하는 이 야기다. 고색이 창연한 유럽의 어느 성당을 옮겨 놓은 듯하다. 전문가들은 화려한 로마네스크에다 비잔틴 양식의 부드러움까지 갖췄다고 한다.

로마네스크 양식의 특징은 창문이나 기둥 사이, 들보와 들보 사이, 출입구의 문틀 등에 반원 형태의 아치가 수없이 반복돼 있고, 그 아치들은 또 중후한 벽체들로 지탱돼 있는 것이 특징이다. 전동성당이 꼭 그렇다. 외부에서 정면을 보면, 출입구를 비롯해 전체적으로 반원의 아치를 도입했음을 보게 된다. 반원의 아치는 좌우 측면의 창들에서 일정한 간격으로 이어져 있다.

종탑 역할을 하는 주탑이 하늘 높이 솟아 당당하다. 그 좌우에는 안에 계단이

우리나라에서 가장 아름다운 교회 건축물이라는 말이 허투루 나온 것이 아님을 알겠다.
전문가들은 화려한 로마네스크에다 비잔틴 양식의 부드러움까지 갖췄다고 한다.

있는 작은 탑이 대칭을 이루며 보좌하듯 세워져 있다. 한데 그 세 탑은 머리에 둥근 돔을 내 반원형의 둥근 지붕을 이고 있다. 돔은 비잔틴의 건축물에서 흔히 보이는 것이다. 그런데 종탑의 돔을 보면, 또한 아치 형태로 연결된 12개의 벽돌 기둥이 떠받치고 있고 12개의 아치형 창이 나 있다.

성당 전면의 한가운데 부분에는 둥근 차륜 형태의 창을 크게 두었고, 이런 형태는 또 상부 종탑에서 다시 반복돼 작은 차륜 창들이 종탑 주위를 두르고 있다. 그러고 보면 이처럼 원과 반원의 어우러짐이 전동성당 외부 디자인의 주된 요소이자 아름다움의 원인일 듯싶다. 네모난 벽돌들을 어쩌면 저렇게 부드럽게 쌓아 올렸을까, 감탄이 절로 나온다.

건물 외벽의 주 구조는 붉은 벽돌을 사용했고, 창문 주위 등 부분적으로 회색 벽돌을 사용해 색의 변화로 장식하고 있다. 성당 건물 전체를 지탱하고 있는 기단은 중후한 화강석을 잔다듬해 전체적으로 성당의 무게감을 더해 준다. 그것이 상부의 돔과 대조를 이루면서 또다시 묘한 아름다움을 연출한다.

하지만 전동성당의 이런 아름다움은 가벼운 것이 아니다. 현재 전동성당의 자리는 전주 풍남문 밖으로, 1791년 고종사촌 간인 윤지충과 권상연이 순교한 자리다. 윤지충은 고산 윤선도의 6대 손으로 장래가 촉망되는 선비였으나 교회의 가르침에 따라 유교식 조상제사를 폐하고 신주를 불태웠다는 이유로 체포돼 권상연과 함께 참수됐다. 한국 천주교회 최초의 순교가 일어난 것이다. 거기다 1801년 신유박해 때에는 유항검 등 수많은 호남지역 천주교인들이 같은 자리에서 처형당했다.

전동성당은 서울 명동성당 내부 공사를 마무리했던 프와넬 신부의 설계로 초대 주임 신부였던 보두네 신부가 1908년 성당 건축을 시작해 7년 만인 1914년에 외형공사를 마쳤다. 하지만 모든 시설을 완비하고 축성식을 가진 것은 1931년으로 완공까지 무려 23년이 걸린 대역사였다.

그런데 성당 공사 당시 썼던 주춧돌이 풍남문의 성곽에 있던 것이란다. 신작로를 내기 위해 풍남문 성곽을 헐었는데, 그것을 가져다 쓴 것. 한국 교회 최초 순교자들의 참수를 지켜보았던 그 성곽의 돌이 성당의 초석이 됐으니, 신의 섭리는 그

처럼 오묘하면서도 엄중한 법이다. 전동성당의 화려한 아름다움은 속을 들여다보면 그처럼 비장한 아름다움이다.

　아치형 구조의 단정한 출입문을 통해 성당 내부로 들어서면 화려함은 더해진다. 천장이 그렇고 창문이 그렇고 기둥과 기둥 사이가 그렇고 온통 반원형 아치가 둥글게 둥글게 이어져 있다. 일정한 질서 아래 나열된 그런 아치들은 천장에 높이 달린 등과 스테인드글라스를 통해 들어오는 빛에 노출되면서 세상에 보기 드문 화려함을 나타내 보인다.

　특히 백색의 천장을 때로는 반원형으로 또 때로는 ×자 형태로 가로지른, 검은색 벽돌로 된 리브(rib·지붕 하중을 기둥에 전달하는 늑재)는 그 반복되는 조형미를 통해 성당의 아름다움을 극으로 치닫게 한다.

　안에서 보니 밖에서 봤던 종탑 아랫부분 둥근 차륜창이 꼭 성당의 눈처럼 생겼다. 성당 출입구 쪽에서 제대 쪽으로 빛을 끌어들이는 역할을 하는데, 그 안 문양이 예수가 십자가를 지고 골고다언덕을 오를 때 씌어졌던 가시관의 형상이다. 신을 흠숭하면서도 신이 인류를 사랑하기 위해 어쩔 수 없이 겪어야 했던 고난의 의미를 잊지 않겠다는 다짐이겠다.

여하튼 한국의 교회 건축물 중 곡선미가 가장 아름답고 화려한 건물로 손꼽힌다는 전동성당에 대한 세간의 평가는 온전한 것이다. 1943년부터 전동성당에 다녔다는, 문화유산 해설사로 일하는 김순태(78) 옹의 말이 꼭 맞다. "둘 다 화려하지만 명동성당이 아버지 같은 위엄을 갖춘 성당이라면 전동성당은 자애로운 어머니의 모습을 가진 성당이오."

그리고 보니 성당 바깥 한쪽에 '한국 최초 순교터'라 새겨진 석비가 있고, 그 곁에 백색의 피에타상이 있다. 성모 마리아가 숨진 예수를 안고 있는 모습. 전동성당은 그렇게 부드럽고 자비로운 어머니의 모습으로 죄 많은 세상을 품으려나 보다. 아름다운 자비다!

전동성당은
우리나라의 가장 아름다운 성당 건물로 꼽힌다. 그 때문에 '약속' 등 영화의 촬영지나 결혼식 장소로 자주 이용된다. '전동' 이란 이름은 전라 관찰사가 머무르던 전라 감영이 있던 이곳에 큰 전각이 있는 동네라는 뜻에서 지어진 이름이다. 한국전쟁 중에는 북한군에게 탈취돼 트럭정비소로 사용되는 수모도 겪었고, 1980년대에는 민주화 성지로 각광 받기도 했다. 1937년부터 천주교 전주교구의 주교좌성당이었다가, 1957년 중앙성당으로 주교좌가 옮겨감으로써 다시 평범한 성당으로 돌아왔다. 1981년 사적 제288호로 지정되었다.
전북 전주시 완산구 전동 200-1. 063-284-3222.

백 년의 역사가 어찌 가벼울까

전주 서문교회

김정철(78) 정림건축 명예회장은 한국건축가협회장을 지낸 우리나라 건축계의 원로다. 서울대학교 본관, 청와대 본관과 춘추관, 국립중앙박물관이 그의 손길을 거쳤다. 그런 그가 비교적 이른 시기(1981년)에 전북 전주의 서문교회 예배당을 설계했다. 독실한 개신교 신자이기도 한 김 회장이 교회 건축에 관심을 두게 된 출발점이 바로 서문교회였다. 그만큼 그의 신앙적 열정이 순수하게 녹아 있는 건축물이다.

전주시 완산구 다가동에 있는 서문교회는 올해 117년의 역사를 갖는 호남지역 최초의 교회다. 1893년 미국 남장로회 레이놀즈 선교사의

직선과 원의 조화가 아름다운 서문교회 외벽.

파송을 받은 교인 정해원이 전주시 완산구 아래 초가 한 채를 예배처소로 마련하고 복음을 전파한 것이 시초다. 이후 서문교회는 동학운동과 일제침탈, 6·25전쟁을 견뎌내며 호남지역의 '어머니' 교회로서 역할을 맡아왔다.

아깝게도, 현재 서문교회에는 교회 개설 당시의 모습은 거의 남아 있지 않다. 지금의 모습은 교회 창립 90주년을 앞두고 기존 건물을 헐고 새로 지어 봉헌한 것. 하지만 100년의 역사가 어찌 가벼울까. 1979년 예배당 신축을 결정하면서 당시 교인들은 '역사 있는 교회로서의 면모를 지니기 위해 고전적이면서도 현대적 감각을 지닌 아름답고 장중한 교회당 건물'을 김정철 회장에게 주문했다.

3년에 걸친 공사 끝에 1983년 마침내 지하 1층·지상 3층 규모로 연면적 2천

820㎡의 철근 콘크리트 구조의 예배당이 모습을 드러냈다. 그로부터 27년의 세월이 흐른 지금, 약간은 퇴락한 기색이 보여도 현재 서문교회의 모습은 '고전적이면서도 현대적이고, 아름다우면서도 장중한' 느낌을 부여하기 위해 김 회장이 그때 얼마나 고심했는지 충분히 짐작하게 한다.

외벽은 적벽돌을 치장해 쌓아 올려 서구의 고전적 교회 분위기를 연출했다. 그런데 어디가 앞이고 뒤인지 구분이 없다. 형태적으로 보아 정면이 없는 것이다. 벽돌이 모여 부분 부분의 작은 덩어리를 이루고 그 덩어리 덩어리가 다시 모이고 연결돼 전체를 이루는 형상을 하고 있다. 현재 서문교회의 제일 목표가 '땅 끝까지 전도하는 교회'인데, 그처럼 사방으로 열려 있어 복음을 전하겠다는 의미를 담은 건지도 모를 일이다. 옛 교회 건축에서는 없었던 방식이다.

직선과 원의 조화도 이채롭다. 정문에서 보면 전체적으로 일정한 방향성 없이 직선으로 전면을 가로질러 여러 공간을 분할하고 있는데, 오른편 측면으로 돌아서면 반원 형태의 구조물이 높은 탑처럼 홀로 육중하게 버티고 서 있다. 일종의 종탑 역할을 하는 부분이다. 윗머리에 십자가를 모시고 마치 방주의 마스트처럼 위풍당당하게 서 있는 이 종탑의 부분은 서문교회 100년 역사가 여기에 녹아 있음을 무거운 웅변으로 대변해 준다.

외부의 장중하면서도 고전적 분위기는 예배당 안으로 들어서면 금세 변한다. 차분하면서도 안정돼 있다. 마치 탄압 받던 초기 교회의 동굴 예배 공간을 연상시킨다. 동굴을 연상하는 것은 예배당 내부 구석구석에 숨은 공간이 많다는 뜻인 동시에 또 종탑 윗부분에서 내려오는 빛, 제대 옆부분의 창으로 들어오는 빛 등 자연광의 적절한 차단과 허용을 통해 음울한 가운데 신비와 영광의 요소를 곳곳에 포진시켜 놓았다는 뜻이기도 하다.

독특한 것은 예배당 천장에서 길게 아래로 실처럼 늘어뜨려 놓은 은빛의 조명시설들이다. 마치 악보 위의 음표를 보는 듯한데, 때로는 나선으로 돌아가거나 또 때로는 서로 다른 높낮이로 춤추는 듯 허공에 펼쳐져 있는 느낌이다. 천상의 음률, 하나님의 목소리가 예배당 곳곳에 울려 퍼지고 있음을 보여주는 것일 테다.

교회 마당에 들어서면 먼저 눈에 띄는 것이 목재를 얼기설기 엮어 만든 오래된 종각이다. 서문교회 초창기 예배당 건축에 진력하다 세상을 떠난 전위렴(W. M. Junkin) 목사를 기념해 1908년에 세운 것이다. 현대식 교회건물에는 다소 생뚱맞게 세워져 있지만 이 종각이 서문교회의 역사를 제대로 알려주고 있는 셈이다.

"동학의 기운이 거셌던 19세기 구한말 호남 지역에 목숨을 걸고 교회를 세웠던 옛 사람들의 뜻을 잊지 않으려 종각을 보존하고 있다"는 게 현재 이 교회 담임을 맡고 있는 김승연 목사의 설명이다.

서문교회는
미국 남장로회 선교사 일행 7명이 1893년 전북 전주에 정착하여 설립한, 호남지역 첫 개신교 교회다. 1905년 전주성 서문 밖 현 위치에 벽돌 기와지붕 예배당을 건축했다. 1983년 기존 예배당이 노후해 현재의 건물을 신축했다. 전주지역 모교회로, 인근의 모두 16개 교회가 서문교회에서 분립해 나갔다.
전북 전주시 완산구 다가동 3가 123. 063-287-3270.

영광 원불교 영산성지

깨달기 위해 근본으로 다시 돌아가자

예전 담양 메타세쿼이아 길이 참 좋았는데, 원불교 영산성지 가는 길도 그에 못지않게 좋았다. 전남 영광군 백수읍 길용리에서 영산성지로 이어지는 1㎞쯤의 외길이 양쪽에서 우거져 터널을 이룬 가로수들로 인해 초록으로 물든 것이다. 이런 길을 걷는데 이찌 신심(信心)이 절로 일어나지 않을까 싶었다.

가로수 길을 지나 성지 사무실에 닿으니 김형진 교무가 사람 좋아 보이는 웃음으로 맞아 주었다. 그는 이곳 영산성지의 소소한 일들까지 도맡아 하는 살림꾼이다. 뙤약볕 아래인데도 지금 막 밭에서 백민들레를 심고 나오는 중이라고 했다.

영산성지를 알려면 먼저 정관평(貞觀坪)을 봐야 한다. 김 교무는 그리 말하며 사무실 저 멀리 펼쳐진 넓은 논 지대를 가리켰다. 바닷물을 막아 만든 간척답인 정관평은 노동으로 일궈 낸 원불교의 창립 정신을 압축적으로 보여준다.

원불교 교조 소태산 박중빈 대종사는 8명의 제자들과 함께 저축조합을 만든 후 그 자산으로 길용리 일대 바닷물이 오가는 간석지를 논으로 만들 뜻을 밝혔다. "버려진 곳을 개척해 국가 사회의 생산에 한 도움 되자"는 뜻에서였다. 그 뜻에 제자들도 지사불변(至死不變)의 서약을 올리고 1918년 4월 방언공사에 들어가 불과 1년 만에 2만6천 평의 농토를 일궈 내는 기적을 만들어 냈다.

소태산과 제자들은 그 기적이 스스로 대견해 바위에 당시의 내력을 새기고, 농토의 이름을 중국 당태종의 연호인 '정관'을 차용해 지었다. 낙원 건설의 염원을 담은 것인데, 이후 이곳에서의 소출은 원불교 창립의 물적 자산이 됐다. 현재 정관평은 원불교 사역자들과 인근 주민들이 나눠 경작하고 있다.

영산성지는 원불교 교조인 소태산 박중빈 대종사가 태어나서 도를 깨친 뒤 교화를 시작한 원불교의 발상지다. 원불교 창립정신이 고스란히 녹아 있는 곳으로, 교조의 탄생가를 비롯해 구도지인 구수산 삼밭재 마당바위, 깨달음을 얻은 노루목 대각지 등이 원불교인들의 순례 명소다.

건축물로는 영산원, 영산학원실, 영산대각전, 법모실 등이 한 군데 모여 있어 초기 교인들의 삶과 신앙의 흔적들을 잘 보여준다.

영산대각전은 영산성지의 중심 법회 공간이었다. 1936년에 지어졌는데, 그 이전까지는 영산학원실에서 법회를 해 오다 교도 수가 급증해 공간이 부족한 탓에 지은 건축물이다. 연면적 70평 정도로 지금이야 작다 여기지만 당시에는 군민 교육장으로도 이용됐을 만큼 영광군에서는 큰 건축물에 속했다.

대각전 내·외부 모습. 소박하고 단순하다. 화려한 장식이나 쓸데없는 공간은 철저히 배제했다.
검박한 원불교 특유의 문화가 여실히 반영된 것이다.

형태는 소박하고 단순하다. 화려한 장식이나 쓸데없는 공간은 철저히 배제했다. 검박한 원불교 특유의 문화가 여실히 반영된 것이다. 처마 끝에 물홈통을 설치한 일식 목구조를 주된 구조로, 지붕은 우진각 형태로 짓는 등 부분적으로 전통적 기법을 수용한 근대 건축양식이다. 안에도 별다른 장식 없이 전면 불단에 원불교 신앙의 대상이며 수행의 표본인 일원상(一圓相)을 봉안(奉安)해 놓았을 뿐이다.

대각전 뒤편에 놓인 영산원은 일(一)자 형의 전형적인 옛 초가 형태 그대로 보존돼 있다. 처음에는 소태산 대종사의 생가 근처 옥녀봉 아래에 있던 구간도실을 1923년에 지금 위치로 옮겨 이름을 새로 붙인 것이다. 수행공간인 도실(道室)로서의 역할뿐만 아니라 정관평 관리 사무소의 역할도 함께 했다.

영산학원실은 영산원이 현 위치로 옮겨 오면서 함께 지어진 건물이다. 역시 일본식 주택의 영향을 받은 목구조의 개량 한옥인데, 영산대각전이 지어질 때까지 법회실로 사용되다, 이후에는 영산과 인근 청소년들의 교육을 위한 공간으로 활용됐다. 애초의 초가를 치우고 지금은 아연 지붕을 얹었다.

법모실은 독특한 공간이다. 애초에는 창고로 지어졌다가 소태산 대종사의 법통을 이은 정산 송규 종법사와 그의 법통을 이은 대산 김대거 종법사의 거처로 이용

백지혈인이라는, 원불교 최초의 이적이 나타난 곳으로 알려진 구간도실의 터.

됐던 것이다. 1963년부터 영산선원 원장의 숙소로 사용되다가 그 후 영산선원생들의 기숙사와 우리나라 최초의 대안학교인 영산성지고등학교의 기숙사로도 이용됐으며, 지금은 영산성지 순례객 숙소로 이용되고 있다. 오래된 건물 하나도 허투루 낭비하지 않는 원불교의 정신을 보여준다.

아무래도 영산성지의 하이라이트가 되는 곳은 구간도실(九間道室) 터이다. 영산원이 있는 곳에서 500m쯤 떨어진, 소태산 대종사의 생가 옆에 지금은 초석만 새로 정비해 보존하고 있는 곳이다.

공부하고 기도하는 아홉 칸 집이라는 뜻의 구간도실은 원불교 최초의 이적이 나타난 곳으로 교도들에게는 각별한 성지다. 소태산 대종사는 뒤늦게(1918년 8월) 합류한 정산을 포함해 모두 9명을 교단 창립의 첫 제자로 삼았는데, 정관평 공사가 끝난 뒤 제자들에게 원불교의 큰 뜻, 즉 공도(公道)를 위해서는 죽어도 여한이 없다는 뜻의 다짐을 받는다는 의미에서 백지 위에 맨손의 지장을 찍도록 했는데, 놀랍게도 거기에 핏빛 선연한 지장이 찍혔다는 이야기가 전해 온다. 이른바 '백지혈인(白指血印)'의 이적인데, 원불교에서는 8월 21일이면 법인절로 이날을 기념한다.

세상을 구하기 위해서는 죽어도 여한이 없다는 '사무여한(死無餘恨)'의 그 정신은 오늘날 '무아봉공(無我奉公)'의 정신으로 이어져 원불교의 주요 가르침이 되고 있다.

김형진 교무는 구간도실의 터에 서면 옛 선배들의 그 메시지를 마음의 눈으로 보게 된다고 했다. "깨닫기 위해 근본으로 다시 돌아가자!" 그리 느낀다는 것이다.

영산성지는

전남 영광군은 단연 '원불교의 고장'이다. 교조 소태산 박중빈(1891~1943) 대종사가 탄생해 구도, 대각하고 원불교의 문을 연 근원성지이기 때문이다. 교조의 탄생가, 구도지, 대각지를 비롯해 교단 초기의 각종 행적들을 고스란히 보여주는 사적, 유물들이 곳곳에 보관·전시되고 있다. 주위에는 영산수도원, 영산원불교대학교, 대인학교인 영산성지고등학교, 영산성지송학중학교 등이 둘러서 있어 거대한 원불교 단지를 이루고 있다. '영산'이란 명칭은 석가모니불의 영산회상에 연원을 두고 있다. 소태산 대종사와 제자들은 '영산회상'을 재현할 것이라는 뜻을 세운 것이다. 1924년 전북 익산에 본산인 총부를 세우기까지 원불교의 중심이었다.

전남 영광군 백수읍 길룡리 2. 061-351-1898.

구례 화엄사 각황전

땅과 산과 하늘이 서로 조응하며 에우다

아왕(鵝王), 대웅(大雄), 여래(如來), 세존(世尊), 응공(應供), 명행족(明行足), 세간해(世間解), 무상사(無上士)……. 불교에서 부처를 이르는 또 다른 이름들이다. 거기에 더해 각황(覺皇)이라는 이름도 있다. 깨달음의 황제라! 세간의 시선으로 보면 부처를 가장 높여 부르는 말이겠다.

지리산 기슭 화엄사에 각황전(覺皇殿)이 있다. 부처에 대한 극존칭의 이름을 붙였으니, 전각을 허투루 지었을 리가 없다. 그 모양새가 하도 아름답고 웅장해 1962년에는 국보로 지정됐다.

화엄사는 각황전을 쉽게 보여주지 않는다. 경내 제일 안쪽 깊은 곳에 숨겨 놓았다. 6세기에 창건돼 화엄종의 본산이었으며 후기에는 선종의 대본산이었던 절의 위상을 상징적으로 보여주는 곳이니 그럴 법도 하겠다.

일주문을 지나 금강문을 거쳐 천왕문을 통과해 꽤 긴 오르막을 올라도 각황전의 모습은 보이지 않는다. 2층의 누각인 커다란 보제루가 앞을 막고 있다. 보통의 보제루는 아래가 개방돼 절의 주 전각으로 향하는 통로 기능을 하는데, 화엄사의 보제루는 그렇지 않다. 1층의 기둥 높이를 낮게 만들어 옆으로 돌아가게 만들어 놓았다. 속내를 가볍게 드러내지 않으려는 의도다.

보제루를 오른쪽으로 돌아 오르면 비로소 화엄사의 중심 마당에 닿게 된다. 정면의 대웅전을 비롯해 영산전, 명부전, 나한전, 원통전 등의 전각들이 마당을 둘러싸고 있어 그 지붕들이 마치 꽃잎처럼 아름다운 곡선을 만들어 낸다. 마치 연꽃 속에 있는 듯해, 한여름의 따가운 햇살에도 아늑한 느낌을 준다.

각황전은 그 마당의 왼편에 놓여 있다. 정면이 아님은 주 불전이 아니기 때문이다. 화엄사의 주 불전은 대웅전이다. 여기에는 복잡한 사연이 있다. 화엄종의 주존은 비로자나불이다. 대웅전에 모신 부처가 비로자나불이다. 그렇다면 편액을 대적광전으로 해야 할 것인데(대웅전은 석가모니불을 모시는 전각이다), 조선 인조의 왕자

의창군이 쓴 글씨라 그대로 이용하고 있다는 게 화엄사 사람들의 설명이다.

그에 비해 각황전에는 3여래불상과 4보살상이 봉안돼 있다. 다보불과 석가모니불, 아미타불을 비롯해 문수·보현·지적·관세음보살입상이 모셔져 있다. 앞면 7칸, 옆면 5칸의 2층 규모로 앞면 5칸, 옆면 3칸인 대웅전에 비해 훨씬 큰 각황전이 화엄사의 중심축에서 비켜나 있는 것은 그런 이유로, 주 불전의 위엄을 거스르지 않기 위함이다.

여하튼, 규모나 장식에 있어 다른 전각을 압도할 듯한데, 묘하게 어울린다. 땅과 산과 하늘이 서로 조응(照應)하며 긱황전을 에우고 있다. 그 모습이 화려하면서도 당당하고 또 동시에 절제된 형태다.

화엄사 교무국장 스님은 그런 각황전의 모습이 친근하다고 했다. "절제된 웅장

미로 사람을 멀리 내치지 않는 인상"이라는 것이다. 각(覺)의 황(皇)으로서 위상은 흔들림 없으나 자유자재로 사람과 주변에 경계 없이 조화된 모습이 각황전의 모습인 것이다.

건물은 신라시대에 쌓았다는 돌기단 위에 18m가 넘는 높이의 2층으로 지어졌다. 지붕은 옆면에서 볼 때 여덟 팔(八) 자 모양인 팔작지붕으로, 지붕 처마를 받치기 위해 장식해 만든 공포가 기둥 위뿐만 아니라 기둥 사이에도 있는 다포 양식이다. 그 때문에 건물 전체는 짜임새가 단단하고 웅장하지만 그런 장식들로 인해 매우 화려한 느낌을 준다.

밖은 2층 형태지만 내부는 맨 위 천장까지 트인 통층으로 돼 있다. 천장은 우물 정(井) 자 모양인데, 벽 쪽 사방으로 돌아가면서 굽어 경사지게 처리해 놓았다. 우리나라에서는 그 예가 적은 수법이라고 한다. 상층부에는 커다란 창을 내 조명 역할을 하도록 했다. 현재 외부에서는 단청의 흔적을 찾기 어렵지만, 내부 천장을 보면 화려했던 단청의 흔적이 남아 있다.

현재의 각황전은 임진왜란 때 완전히 불타 버린 것을 조선 숙종 28년(1702)에 다시 지어 오늘에 이른 것이다. 애초에는 각황전이 아니라 장륙전(丈六殿)이었다고 한다. '장륙'은 높이가 1장6척이라는 말이다. 석가모니불의 몸을 일컬어 흔히 장육금신(丈六金身)이라 말하는데, 장륙전은 1장6척 높이의 석가모니불의 입상을 모신 전각이라는 이야기가 된다.

폐허가 된 절의 중창에는 왕실이 적극 나섰는데, 숙종은 아예 '각황전'이라는 이름의 편액까지 직접 하사했다. 임금이 내린 이름을 어찌 외면할까. 장륙전의 이름은 그리 해서 각황전으로 바뀌었다.

안타까운 것은 절을 새로 지으면서 이전 모습을 없애 버렸다는 것이다. 원래 장륙전에는 내부 사방의 벽에 대리석으로 화엄경을 새겨 설치해 놓았다는데, 그를 복원하지 못한 것이다. 당시 화엄경 석각의 파편들이 수천 점 남아 있어 현재 화엄사가 별도로 보관하고 있다고 하는데, 일반에 공개하지 않아 아쉬움을 주고 있다. 화엄종찰로서 화엄사의 옛 모습을 짐작할 수 있는 상징적 유물이 어둠에 묻혀 있는 것이다.

요즘 화엄사에는 불사가 한창이다. 일반인들을 위한 수련원을 건립하느라 일주문에서부터 땅 파는 기계 소리가 요란하다. 천년의 고찰도 시대의 번잡한 요구를 마냥 외면할 수 없는 노릇일 게다. 하지만 그래도 원융무애(圓融無碍)로써 모든 생명의 조화를 꿈꾸는 화엄의 뜻, 각황의 가르침은 흩뜨리지 말았으면 하는 바람이 크다.

화엄사는

544년에 연기 조사에 의하여 창건되었고, 자장 율사에 의해 증축되었던 대가람이었다. 그러나 임진왜란 때 불타 버린 것을 벽암(碧巖) 선사가 1606년부터 재건하여 지금과 같은 큰 절이 되었다. 천년고찰답게 각황전 외에도 많은 문화재를 보유하고 있다. 국보 12호인 각황전 앞 석등은 높이 6.4m로 세계 최대다. 보물 300호인 화엄사 원통보전 앞 사자탑도 빼놓을 수 없다. 통일신라 때 조성된 것으로 추정되는 이 탑은 네 마리의 사자가 탑신을 받치고 있는 모양이다. 국보 35호인 사사자삼층석탑은 사자들에게 에워싸여 있는 중앙에 합장한 채 서 있는 인물상을 조각한 것이 특징이다. 전남 구례군 마산면 황전리 12. 061-783-7600.

한옥 기와와 고딕 첨탑이 어우러지다

익산 나바위성당

화산성당이 아니다. 나바위성당이 맞다. 화산은 관(官)의 행정에 따른 명칭이고, 나바위는 '넓적넓적한 바위들이 금강 쪽으로 쫙 펼쳐졌다'는 이 지역의 특성에 따른 별칭이다. 화산보다는 나바위라는 이름이 훨씬 맛난다. 나바위성당을 10여 년간 돌봐온 김택영 사무장의 말은 그랬다.

여하튼, 비온 뒤 나바위성당은 맑고 깨끗하고 산뜻했다. 너른 평야 한가운데에 조그마하게 자리 잡은 화산(華山)은 그 이름(이름은 조선조 거유 우암 송시열이 지었다고 한다)만큼이나 화사한 숲을 갖고 있는데, 나바위성당은 그 품에 맞춤하게 자리 잡고 있다. 녹음(綠陰)이 좋이 그 속에서 온갖 새소리가 끊이지 않는다. 신을 모신 곳은 모름지기 그러한 생명의 소리가 넘쳐나야 한다.

한국 천주교에서 나바위성당은 특별한 존재다. 첫 한국인 사제인 김대건 신부

가 1845년 중국에서 사제 서품을 받은 후 귀국길에 올라 처음 도착한, 성지라는 점이 그 이유 중 하나고, 성당의 건물이 서구와 우리 전통의 건축양식이 절묘하게 조화된 명작이라는 점이 또 하나의 이유다.

성당이 지어진 것은 1907년의 일인데, 당초 설계는 명동성당을 설계한 프와넬 신부가 했다. 1907년 건축 당시엔 흙벽과 나무로 된 순수한 한식 목조건축이었단다. 그랬던 것을 1916년에 흙벽을 허물고 대신 벽돌을 쌓고, 성당 입구에도 벽돌로 고딕식 종탑을 세웠다. 하지만 지붕은 전통 기와를 그대로 얹어뒀다. 한옥 기와와 고딕식 첨탑이 어우러진 독특한 아름다움을 품고 있는 오늘날 모습은 그때 갖춰진 것이다. 정면 5칸, 측면 13칸의 형태로 남북으로 긴 장방형의 평면을 보이며 크기는 420㎡ 정도.

정면에서만 본다면 전형적인 서양식 교회다. 반달 형태의 5칸의 개방형 벽돌조 현관, 그 위에 덧붙여 다시 벽돌로 종탑을 만들어 얹고 꼭대기 육각의 첨탑 끝에 십자가를 모셨다. 하지만 측면으로 돌아서면 모양새는

금세 달라진다. 벽체는 붉은 벽돌로 쌓고 반달형 창틀을 냈지만 지붕은 한옥의 기와가 단정하게 놓여 있고 지붕 바로 아래에는 팔각 채광창들을 두었다. 성당을 지을 때 작업은 중국인 인부들이 했다는데, 팔각창은 아무래도 중국인들이 좋아하는 팔괘의 상징인 듯하다.

성당 양 측면에는 전통 사찰에서 보일 법한 회랑이 있어 특이하다. 회랑은 역시 기와를 얹은 날개지붕을 이고 있는데, 안에서 보면 서까래가 그대로 드러난 연등천장을 이루고 있어 한국 전통의 분위기가 물씬하다. 이 회랑을 보고 김택영 사무장이 한 말을 덧붙였다.

"옛날에는 여기가 회랑이 아니라 툇마루였답니다. 예비신자들이 성당 안에 들어가지 못하고 툇마루에서 미사를 봤던 거요. 세례를 받지 못한 사람은 '하느님 아버지'라는 말도 입에 담지 못했답니다. 옛 사람들 교 믿는 자세가 그리 엄격했던 겁니다."

성당 뒤쪽은 완연한 한옥의 모양새다. 합각을 형성한 팔작지붕이 온전히 보이고, 그 아래에서 다시 단층의 날개지붕이 건물을 감싸고 있는 형태다. 팔작지붕 너머로 첨탑이 솟아 있는 모습이 보인다. 한국식과 서양식이라는, 상이한 건축양식의 결합임에도 어색하거나 기울어짐은 느껴지지 않는다. 오히려 규모나 비례에 있

어 이질감이 없이 잘 조화되고 있다. 당시 장인의 고민이 만만치 않았으리라.

어디선가 풍금소리가 은은하다. 성당 안에서 들려온다. 문을 열고 들어서니 아무도 없이 텅 비어 있는데 저 건너 제대(祭臺) 옆에서 수녀 한 분이 풍금을 치고 있다. 분위기가 묘하게 성스럽다. 행여 그 분위기를 깰까 조심조심 주위를 둘러보니 양쪽 아래 벽면의 창문이 눈에 들어온다. 자세히 보니 한지를 바른 창이다. 그 위에 채색 수묵의 그림이 그려져 있다.

그 창을 통해 들어오는 빛이 그윽하다. 화려한 스테인드글라스의 빛과는 또 다른 감동이다. 한옥의 성당, 한지에 수묵의 창이라! 맛깔나는 조합이다. 나중에 알아본 바, 그 수묵의 그림은 이탈리아에서 미술을 전공한 송현섭 신부의 작품이다. 그래서 함부로 사진을 찍지도 못한다. 저작권 때문이다.

바닥은 장마루고 천장은 판자로 마감돼 있다. 천장에는 대들보와 서까래가 드러나 있다. 신자석 공간은 가운데 일직선으로 늘어선 사각의 기둥들로 양분돼 있다. 본래에는 이 기둥들에 칸막이를 두어 남녀 신자석을 구분했다고 한다. 제대와 예수상이 모셔져 있는 지성소(至聖所) 공간에는 반달 형태의 입구를 별도로 설치해 같은 성당 안이라도 사람의 영역과 신의 영역을 엄격히 구분해 놓았다.

예수상은 별도의 덮개를 가진 감실(龕室)에 고상과 함께 모셨는데, 제단 주위의 이들 성상은 중국 난징의 라자로수도원에서 제작된 것으로, 처음 성당이 지어졌을 때 들여와 옛 모습 그대로 보존돼 있는 것이라고 했다.

1930년대만 하더라도 신자 수가 3천 명이 넘어 호남지역에서 모(母)본당 역할을 했던 나바위성당은 지금은 그 역할을 교구청이 있는 전주 등 큰 도시 성당들에 넘겨주고 한적한 시골 성당으로 남아 있다. 대신 김대건 신부의 정신을 묵상하고 수양하는 피정(避靜) 공간으로 각광을 받고 있다.

성당 뒤편으로는 화산 정상에 닿는 숲길이 있는데, 그 끝에 김대건 신부 순교비

주님을 위한 죽음이
곧 영원한 생명의 시작임을 선언한
김대건 신부 순교비.

가 있다. 순교비의 높이가 김 신부가 중국에서 타고 왔던 배의 돛대와 같은 450㎝라는데, 아마도 그는 순교 당시 이렇게 외쳤을 터이다. "저는 주님을 위해 죽습니다. 그러나 이것은 영원한 생명이 저에게서 시작되는 것입니다."

순교비 앞에 섰을 때 신앙을 위해 목숨까지 걸었던 그 결연한 의지가 온몸에 사무치게 전해왔다.

김대건 신부 순교비
화산 정상에 김대건 신부 순교 100주년인 1946년에 세워졌다. 김 신부가 중국 상하이를 떠나 바닷길로 입국할 때 타고 온 라파엘호의 크기와 모양을 그대로 본떠 세웠다. 1845년 10월 12일 화산으로 입국한 김 신부는 다음해인 1846년 5월 14일 최양업과 이메스트로 신부를 영입하기 위해 위험을 무릅쓰고 연평도 조기잡이 배에 접근하다 체포돼, 1846년 9월 16일 서울성 밖 새남터에서 25세의 젊은 나이로 참수됐다. 그는 처형되기에 앞서 "이제 죽는 것도 천주를 위하는 것이니 내 앞에는 영원한 생명이 시작되려 합니다. 여러분도 영원한 생명을 얻으려면 천주를 믿으시오"라고 의연하게 외쳤다. 이런 사연을 세세히 알려면 '나바위성당 피정의 집'을 이용해 볼 일이다.
전북 익산시 망성면 화산리 1158. 063-861-9210.

소태산 박중빈 대종사의 탄생 100주년을 기념해 지은 소태산기념관 내·외부 모습.

익산 원불교 중앙총부
대각전과 소태산기념관

텅 비어 청정한 일원의 진리에 어울리다

원불교는 노동과 협업의 과정을 통해 완성된 종교다. 소태산 박중빈(1891~1943) 대종사가 큰 깨달음으로 교(敎)를 연 것이 1916년. 가난한 농촌이었던 전남 영광에서 9명의 제자를 가르치며 저축조합을 만들고 간척사업을 벌이는 등 일하는 가운데서 사람들의 마음을 하나로 모았다.

1924년 전북 익산으로 옮겨와 총부를 건설해서도 그랬다. 대종사를 비롯한 교인들은 도적들이 날뛰던 도치(盜峙)고개에 집을 지어 농사짓고 누에 치고 엿 고아 팔며 그렇게 노동하며 공부했다. '곳곳이 부처고 일마다 불공(處處佛像 事事佛供)'이며 '불법이 생활이고 생활이 불법(佛法是生活 生活是佛法)'이라는 교리를 몸으로 실천했던 것이다.

그런 그들에게, 더구나 형상에 의지하지 않아 일원상을 법신불로 모심에 있어,

대각전 외부와 내부 모습. 법신불 일원상이 공식적으로 처음 봉안된, 원불교사에 각별한 의미를 갖는 곳임에도 모습은 단출하다.

화려무비(華麗無比)의 건축물은 애초에 생각될 일이 아니었다. 전북 익산시 신용동 중앙총부 내 익산성지에 사람을 압도하는 건축물이 없음은 그런 이유에서다.

익산성지가 성지인 것은 소태산 대종사를 비롯한 초기 교인들이 이곳에 머물며 원불교의 기반을 닦은 곳이기 때문이다. 중앙총부 정문을 들어서면 곧바로 오른편에 1920년대에 지어진 건물 7동이 옛 모습대로 남아 있음을 보게 된다. 원불교의 전신인 '불법연구회' 간판을 처음 내건 본원실, 대종사의 거처로 지어진 금강원, 대종사뿐만 아니라 2대 정산 종사, 3대 대산 종사가 열반한 장소인 종법실, 집회소였던 공회당, 대종사의 집필 장소였던 송대 등이다. 모두 일본식 주택 건축 영향을 받은 목조 구조의 개량 한옥들로, 10~30평 규모로 소박하다.

그와는 별도로 정문 왼편 종각을 지나 언덕에 대각전(大覺殿)이 있다. 이 대각전이 원불교 역사에서 각별한 의미를 갖는 건축물이다. 법신불 일원상이 공식적으로 처음 봉안된 곳이다. 대각전이라 이름 붙인 것도 일원상을 모신 때문이다. 일원상은 우주만유의 본원(本源)이자 모든 성자들이 깨달은 진리이며 모든 중생의 본래 청정한 마음을 상징한다. 원불교 신앙의 대상과 수행의 표본인 셈이다. 원불교라는 교명도 여기서 정식 선포됐다.

처음부터 집회를 여는 대법당의 목적으로 지어져 1935년에 준공됐다. 84평 단층 규모로, 주된 구조는 목조이다. 기둥 사이에 대나무 등으로 외를 엮어 그 위에 시멘트와 흙으로 채우고 기둥까지 모르타르로 덮은 일본식 벽 구조를 취했다. 그러면서도 외관은 단순화된 서양식 건축으로 지었다. 두 개로 나뉜 출입구 상부에는 캐노피를 설치했고 처마 끝에는 물홈통을 설치했다. 동시에 지붕은 대량 생산이 쉬운 시멘드 기와로 네 개의 주녀마루가 동마루에 몰려 붙은 우진각을 형성해 놓았다. 일본식, 서양식, 한국식이 절충된 것이다.

각별한 의미를 갖는 건축물인데도 별다른 장식이나 상징물이 없다. 정갈할 뿐

이다. 단지 출입문 위 3개의 현판이 눈에 띈다. '정신수양(精神修養)' '사리연구(事理硏究)' '작업취사(作業取捨).' 정신수양은 수행, 사리연구는 지혜의 탐구, 작업취사는 업을 짓는 데서의 버리고 얻음을 의미한다. 불교로 치자면 계·정·혜(戒·定·慧) 3학에 비견되겠다.

안으로 들어서니 역시 텅 비어 아무 것도 없다. 텅 비어 청정한 일원의 진리에 어울린다. 70여 년의 세월이 묵은 마룻바닥만 반짝인다. 법당 전면에 모신 일원상의 불단은 단정하다. 일원상이 금빛인 것은 아무 것도 없음이 못내 아쉬운 대중의 소박한 신앙 표현일 터이다.

중앙총부 교정원 문화사회부에서 일하는 고대진 교무의 말이 진중하다. "소박하면서도 원불교의 진리를 잘 머금은 이런 대각전 같은 건물의 가치를 제대로 알아줘야 할 텐데요. 그러지 않는 것 같아요. 우리 총부 사람들도 외부인이 오면 대각전보다는 최근에 지은 큰 건물을 먼저 보여주려 한다니까요. 잘못됐어요."

그렇다고는 해도 최근 원불교 내부에서는 이제는 원불교의 이상을 상징하는 건축물을 고민해야 한다는 목소리가 나오고 있다. 5년 후면 원불교 창종 100주년인데, 100년 역사를 가진 종교로서 원불교 독자적인 양식의 건축물이 나와야 한다는 그런 고민은 어쩌면 당연해 보인다.

그런 점에서 총부 내 소태산기념관은 선구적이다. 1991년 완공된 소태산기념관은 소태산 대종사의 탄생 100주년을 기념해 지어진 것. 대종사의 생전 유물을 전시하고 그의 성상을 모신 곳으로, 철근 콘크리트 외벽에 화강석을 덧붙인 구조이며 지붕 위 돔은 철골조로 올렸다. 총 369평 규모.

전체 외형은 원불교 교리도를 본떴다. 1층 기단부, 2층 중간부, 지붕 등 3개로 구분해 3학을, 기단에서 지붕을 떠받치는 4면 각 2개씩의 기둥은 8조를 뜻한다. 2층 기념홀의 정방형 평면과 네 모서리 부분의 원통형 구조는 4은4요를 의미한다. 또 지붕 중심의 반구형 돔은 일원을 상징한다. 3학은 앞에서 말한 정신수양·사리연구·작업취사를 일컫는 것이고, 8조는 나(懶)·불신·의(疑)·신(信)·우(愚)·탐욕·성(誠)·분(忿) 등 얻고 버려야 할 사항을 말한다. 4은4요는 천지·부모·동포·법률의 은혜를 갚고 자력양성·지자본위(智者本位)·타자녀교육·공도자숭배를 실천하자는 것이다. 결국 건물의 형태로써 원불교 교리의 대강을 표현한 것이다.

원불교백년기념성업회 사무총장 김경일 교무의 말은 앞으로 원불교 건축이 어떤 방향으로 갈지 짐작하게 해 준다.

"대종사의 말씀을 따르고 실천하는 게 가장 중요하지요. 눈에 보이는 형상은 원불교의 근간이 아닙니다. 하지만 그렇다고는 해도 100년 역사를 대변하는 고유의 건축양식은 필요하다고 봅니다. 최대한 절제된, 그러면서도 충분히 원불교 이념을 나타내려는 노력이 필요합니다. 대종사 탄생 100년 때 기념관이 건축됐듯, 원불교 100년 때에는 새로운 건축 표본이 제시될 수 있을 겁니다."

> **원불교 익산성지**는
> 1924년 9월 익산총부를 건설하면서 최초로 지어진 본원실을 비롯해 1927년 교조인 소태산 대종사의 처소로 지어진 금강원 등 8개의 건물과 2개의 탑이 초창기 모습 그대로 주변 경관과 조화를 이루고 있다. 2005년 6월 18일 등록문화재 제179호로 지정되었다. 전북 익산시 신용동 344-2. 063-850-3190.

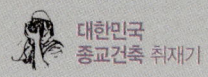
대한민국
종교건축 취재기

가세 가세
함께 가세
저 피안의 세계로

보은 법주사 팔상전_ 원주 만종감리교회_
횡성 풍수원성당_ 대한성공회 서울주교좌성당_
고양 풀향기교회_ 대한성공회 강화읍성당_
안성 천주교 미리내성지_ 제주도 지니어스 로사이_
제주도 강정교회_ 제주도 약천사 대적광전_

보은 법주사 팔상전

탑인가, 전인가, 아름다운 법이 머무는 곳

"도는 사람을 멀리하지 않는데 사람이 도를 멀리하며, 산은 속세를 떠나지 않는데 속세가 산을 떠나는구나(道不遠人人遠道 山非離俗 俗離山)!"

어느 선인(先人)이 읊었단다. 산은 곧 자연이고, 자연은 스스로 그러한 도이며, 도는 다시 법이요 부처다. 속리산(俗離山)은 그렇게 법, 부처를 향한 그리움이 배어 있는 곳으로, 그 그리움은 법(法)이 머무는(住) 절(寺), 즉 법주사로 형상화됐다.

정확히, 법주사의 어디에 법이 머무는가? 바로 팔상전(捌相殿)이다.

'호서제일가람(湖西第一伽藍)'의 위풍을 자랑하는 법주사 일주문을 통해 가노라면 맑은 시냇물에 걸쳐 놓은 수정교에 이르고 수정교를 건너서부터는 고송 울창한 숲길이 이어진다. 다시 한참 걸어가면 마침내 금강문이 나오고 그 뒤에 사천왕문을 마주하게 되고, 사천왕문을 넘어서면 비로소 팔상전의 위용을 보게 된다.

6세기 신라 진흥왕 대에 창건됐다는 법주사의 가람 배치는 전형적인 신라가람의 배치법에 따라 각 전각들이 자오선상에 일직선으로 배치돼 있다고 한다. 즉, 대웅보전, 쌍사자석등, 팔상전, 사천왕문, 금강문이 일정한 거리를 두고 자오선상에 놓여 있고, 그 좌우에 극락전과 원통보전 등이 대칭으로 놓여 있다. 팔상전은 그 축선의 가운데에 자리 잡고 있다. 법주사의 중심인 것이다.

탑(塔)인가? 전(殿)인가? 전(殿)은 궁궐이나 사찰 등에서 어떤 의식을 치르기 위해 지은 최고의 격조를 갖춘 건물이다. 대웅전이나 적광전 등이 그런 예다. 팔상전은 팔상도(八相圖)를 모신 곳이라는 뜻이다. 팔상도는 석가모니 부처의 일대기를 여덟 부분으로 나눠 그린 그림이다.

'도솔래의상(兜率來儀相·도솔천에서 마야 부인의 태중으로 내려오는 장면)', '비람강생상(毘藍降生相·룸비니 동산에서 태어나는 장면)', '사문유관상(四門遊觀相·동서남북 성문 밖 세상을 살펴보는 장면)', '유성출가상(踰城出家相·성을 뛰어넘어 출가하는 장면)', '설산수도상(雪山修道相·깨달음을 성취하기 위해서 정진하는 장면)', '수하항마상(樹下降魔相·나무 아래에서 마왕을 굴복시키는 장면)', '녹원전법상(鹿苑轉法相·녹야원에서 설법하는 장면)', '쌍림열반상(雙林涅槃相·사라쌍수 아래서 입적하는 장면).'

그런 팔상도를 모신 건물이니 가벼이 할 수 없어 전(殿)의 명칭을 두었다. 팔상도의 '팔' 자도 같이 '8'을 뜻하지만 흔한 '八'이 아니라 '捌'을 써 무게감을 줬다. 팔상전의 건물은 분명 전(殿)이다.

하지만 팔상전은 법주사 외에도 통도사나 쌍계사, 선암사, 해인사 등 다른 절에도 있다. 그런데 법주사 팔상전은 국보 55호로 지정돼 있다. 건축적인 아름다움도 그렇지만, 그보다는 우리나라에서 희귀한(현재는 유일한) 목조 오층탑이라는 이유가 더 크다.

불교에서 탑은 부처의 사리를 봉안하는 곳으로 부처의 진신을 대한다는 의미를 갖는다. 현재 사찰의 대부분은 석조 탑을 갖고 있는데, 법주사에는 그런 게 없다.

법주사 풍경소리가 층층이 향기롭다.
처마 밑 도깨비상이 익살맞다.

팔상전이 탑으로 있기 때문이다. 실제로 1968년 전면 해체·수리할 때 안에서 사리장엄구가 발견됐는데, 이는 법주사 팔상전이 사리를 봉안한 탑으로 기능했음을 보여주는 것이다. 여하튼 법주사 팔상전은 탑과 전의 성격을 함께 갖춘 독특한 건축물임은 틀림없다.

겉모습도 분명 탑의 형상이다. 전체 높이는 23m 정도. 땅바닥에 정사각형 단층 기단을 돌로 짜고 그 위에 목조의 탑신을 세웠다. 한쪽 면에서 볼 때 1·2층은 5칸, 3·4층은 3칸, 5층은 1칸의 형태다. 2층이 5칸이라고 하지만 한 칸 한 칸의 길이가 1층보다 작다. 3·4층의 관계도 그렇다. 위로 올라갈수록 면적이 현저하게 감소된다는 이야기다. 아래가 넓고 위가 좁은, 그래서 안정감과 장중함을 느끼게

193

진리의 불법으로 오르는 방정한 계단.
진리의 열망은 지붕 꼭대기 황금빛 상륜부에 닿는다.

하는 외관을 이루고 있다.

공포의 양식은 1층부터 4층까지는 기둥 위에만 공포를 짠 주심포식이지만, 5층은 기둥 사이에도 공포를 짜 올린 다포식으로 돼 있어 독특하다. 지붕은 사모지붕이며, 5층 지붕 위에 탑머리 장식인 철로 된 황금빛 상륜부가 있다. 이 상륜을 지붕 네 개의 처마 끝에 쇠줄로 붙들어 매고 있는데, 바람에 넘어지지 말라고 그리 한 것이지만, 그 보이는 맛이 조촐하다. 바람에 딸랑이는 풍경 소리가 그 맛을 더해준다.

기단 위 탑신부는 17세기 초에 다시 세운 것이지만(원래 것은 1597년 임진왜란 와중에 불타 버렸다), 돌로 된 기단은 신라시대 것이라고 한다. 기단의 사방 각 면마다 한가운데에 계단을 뒀다. 사방 어디서나 탑전에 들어설 수 있게 한 것이다. 어디서 많이 본 느낌이 들었는데, 바로 불국사 다보탑의 기단이 이러하다. 기단의 정사각형 모양은 불교 교리의 요체인 사제(四諦)를 상징한다. 계단은 그런 불법의 세계로 오르는 길, 구도자에게만 허락된 길이다.

감히 그 길을 밟고 안으로 들어섰다. 전체적으로 퇴락한 기색이 역력하지만, 내부 가운데는 4개의 중심기둥(心柱)이 천장으로부터 내려서 있어 당당하다. 그 4개

의 기둥 사이를 벽으로 둘러쳤다. 바로 거기에 한 면에 두 폭씩 팔상도를 배치해 놓았다. 각 팔상도 앞에 불단(佛壇)을 설치해 석가모니 불상을 앉히고, 그 앞에 또 오백나한상을 배치했다. 불상 아래 마룻바닥에는 절하는 공간을 따로 두었다. 팔상도를 다 보기 위해서는 탑전 내부를 한 바퀴 돌아야 한다. 자연스레 탑돌이가 된다. 탑돌이는 부처의 크나큰 공덕을 기리는 행위다. 묘한 배치라 하겠다.

팔상전 뒤에 쌍사자석등이 있다. 이 역시 국보(5호)다. 절에서 석등은 중생의 어두운 마음을 부처의 깨우침으로 밝혀준다는 의미를 담고 있다. 그 석등을 두 사자가 가슴을 맞대고 힘껏 떠받치고 있다. 사자는 부처의 지혜를 뜻한다. 부처의 사자후(獅子吼) 같은 설법에 모든 마귀들이 불법에 귀의했다고 하지 않는가. 이 쌍사자석등은 법주사의 대웅전과 팔상전 사이에 있다. 그 사이에서 영원한 지혜의 등불이 꺼지지 않게 사자후로 이어주고 있는 것이다.

그런데 오늘날 법주사의 사자후는 옹색해진 느낌이다. 팔상전 바로 옆에 있는 높이 33m의 거대한 금동미륵대불. 2002년 완성된, 단일 불상으로는 세계 최대라는데, 금빛 찬란한 거대 불상이 부처의 가르침에 얼마나 부합하는 것일까, 그런 의문이 들어서다. 더구나 '시험합격·취업·승진', '좋은인연배필·자손창성', '사업성취' 따위 글귀가 쓰인, 대불 아래 현수막들의 난무(亂舞)가, 팔상전이 은근하게 풍기는 불법의 향기를 흩뜨려 놓고 있음에야!

> **법주사의 또 다른 문화재**
>
> 법주사에는 문화재가 많다. 팔상전과 쌍사자석등 외에도 석연지(石蓮池)가 있다. 국보 제64호다. 반구(半球)형의 큰 돌을 깎아 연꽃무늬를 새기고 위로는 난간까지 두른 돌 연못이다. 높이는 200cm, 전체 둘레는 665cm에 이르는 거대한 구조물이지만, 전체적으로 한 송이 연꽃을 염두에 두고 조성한 섬세한 조각이 일품이다. 대웅보전 앞에 높이 3.9m에 이르는 사천왕석등(四天王石燈)도 있다. 보물 제15호. 팔각이 기본 구조를 이루는데, 화강암 재질로는 몹시 어려운, 사실적이면서도 역동적 조각이 돋보인다. 석조 마애여래의상(보물 제216호), 3천 명분의 장국을 끓였다는 거대한 쇠솥(보물 제1413호)도 볼 만하다. 충북 보은군 내속리면 사내리 209. 043-543-3615.

원주 만종감리교회

한없이 낮아진 교회, 직접 다가감으로써 몸으로 느끼다

카타콤(Catacomb)을 염두에 두었음이 틀림없다. 지하 묘지로 만들어졌으나 오히려 그리스도교인들이 로마제국의 박해를 피해 비밀의 예배 장소로 이용했던 곳. 강원도 원주시내에서 외곽으로 한참 떨어진 호저면 만종리에 있는 만종감리교회는 영락없는 카타콤의 모습이다. 지붕과 벽체는 겉으로 나와 있지만, 예배당을 비롯해 실질적인 교회의 모든 시설은 지면보다 아래에 미로처럼 얽혀 있고 서로 열려 있다. 첨탑으로 하늘을 찌를 듯 높이 있는 여느 교회와는 참 다른, 희한한 교회다.

만종감리교회는 올해 95년의 역사를 가진 유서 깊은 교회지만, 지금의 교회 건물은 1997년에 연면적 912㎡ 규모로 완공된 새것이다.

건축가 백문기 씨의 작품인데, 설계 당시 백 씨는 교회의 모든 건물을 땅 아래에 두고 지상은 공지(空地)로 둘 생각이었단다. 온전히 땅 속에 있는 교회, 한없이 낮아진 교회를 의도했던 것인데, 그 설계안을 본 교회 신자들이 "너무 교회 같지 않

교회 진입은 가파른 언덕을 계단으로 그대로 오르는 게 아니라,
언덕 오른편으로 완만하게 끌어올려진 경사로를 통하게 돼 있다.
예배를 위해 그 길을 오르는 교인들은 길 너머 보이지 않는
성스러운 세계를 기대하며 경건한 마음자세를 준비하게 되는 것이다.

은 지나친 발상"이라며 반대해, 외벽은 겉으로 내면서도 교회의 실속은 지하에 두는 것으로 절충한 결과 지금의 모습이 됐다. 여하튼 만종감리교회는 교회당 건축에 대한 기존의 개념을 깨뜨린, 전혀 새로운 시도를 보인 것이다.

나지막한 언덕 위에 자리 잡고 있는 만종교회는 멀리서 보면 전혀 교회 같지 않다. 회색 콘크리트가 그대로 노출된 직육면체의 건물이 성냥갑처럼 덩그러니 놓여 있을 뿐. 지붕의 십자가만 없다면 교회인지 모르고 지나치기 쉽다. 왜 이리 했을까. 외부에서 보이는 이미지보다 직접 다가감으로써 몸으로 느끼는 교회를 상상한 것이다.

그 의도는 성공한 것으로 보인다. 교회 진입은 가파른 언덕을 계단으로 그대로 오르는 게 아니라, 언덕 오른편으로 완만하게 끌어올려진 경사로를 통하게 돼 있다. 예배를 위해 그 길을 오르는 교인들은 길 너머 보이지 않는 성스러운 세계를 기대하며 경건한 마음자세를 준비하게 되는 것이다. 담임을 맡고 있는 정준태 목사는 "그 때문에 예전에는 이 경사로를 '골고다의 언덕'이라 부르며 신도들에게 반드시 걸어갈 것을 요구했다"고 말한다.

언덕길을 올라 자연스레 왼쪽으로 꺾어들면 먼저 넓적한 콘크리트 벽면을 마주하게 된다. 사실 벽면이 아니라 진입로 끝부분에 서서 신도들을 맞는 종탑이다. 교

화려함과는 거리가 먼 만종감리교회 외부 모습.
하지만 분명 성스러운 교회임을 무겁게 증언한다.

회 종탑은 흔히 예배당 위해 뾰족하게 놓여 있기 마련인데, 예배당과는 전혀 동떨어진, 세로로 긴 직육면체의 건물이다. 특이한 배치요 형태다. 하늘에 오만한 첨탑 대신 인간적인 겸손함이 그런 종탑을 지어낸 것일 테다.

종탑을 지나 마당에 들어서면 비로소 예배당의 옆모습이 보인다. 화려함이라곤 전혀 찾아볼 수 없는, 무슨 창고 같은 예배당. 그런 생각을 하며 예배당 출입문을 찾는데 보이지 않는다. 출입문은 마당 오른편에 지하로 향한 직선의 길을 따라 내려가 한 바퀴 돌아야 나온다. 출입문을 쉽게 보여주지 않음은 곧 바깥세상과의 구분을 의미한다. 속된 세상의 기운이 함부로 침입할 수 없는 곳이라는, 또 외형은 초라할지라도 이곳은 분명 성스러운 교회임을 은연중 암시하는 것이다.

빛과 색으로 몽환적인 내부. 신의 사랑과 축복을 기대하게 한다.

그러고 보면 만종감리교회에서는 예배당에 들어서기까지 모두 세 번의 십자가를 봐야 한다. 먼 바깥에서 보이는 예배당 지붕 위 십자가, 종탑의 측면에 툭 튀어나온 십자가, 예배당 출입문을 향한 직선길 모퉁이 벽면의 십자가. 역시 잡된 생각을 떨쳐 버려야 하는 성지, 하나님의 자리임을 강하게 알려주는 표상이다.

예배당 출입구로 향하는 내리막 경사길을 내려가면 뜻밖에도 하나의 작은 뜰을 만나게 된다. 이 작은 뜰은 전체 교회 건물의 중심이다. 지하의 공간이라 대부분 햇빛에 적게 노출되는데, 이 뜰만은 햇빛이 가득해 눈부시다. 교회 외부에서 느꼈던 삭막한 느낌이 여기서 충분히 완화된다. 신의 사랑과 축복을 기대하라는 의도인가? 건축학적으로 엄청 세밀한 공을 들였음을 짐작게 한다.

　역시, 예배당 내부는 교회 바깥과는 현저히 다른 모습이다. 화려하면서도 깔끔하다. 시골교회로서는 의외의 세련됨이다. 이는 색과 빛을 효과적으로 활용한 덕분이다. 회청색으로 칠해진 측면의 벽과 천장, 그에 대비해 강단 뒤의 벽은 붉은색으로 강렬하다. 그런가 하면 왼쪽 벽면을 들어내 마련한 합창단 공간은 붉은색과 초록색을 대조시켜 놓았다. 빛은 강단 바로 위 천장의 큰 창과 벽면에 불규칙하게 배열된 작은 창들에서 들어와 어우러지며 예배의 분위기를 고조시킨다. 인간의 세계가 아닌 신의 공간임을 강력하게 선언하는 것이다.

　신을 향한 의지는 예배당 내 세 개의 십자가에서 절정을 이룬다. 강단 벽면 오른편에 약간 비켜나 위치한 작은 십자가, 강단 전면의 평면을 비대칭적으로 분할하는 철선의 십자가, 천장의 십자 창틀에서 그림자로 내려서는 십자가, 그렇게 세 십자가는 삼위일체로서 신비로움을 자아낸다.

　결국 만종감리교회는 겉으로 보기에는 보잘것없어 보여도 경건한 마음으로 다가설 때 십자가의 빛남, 즉 하나님의 영광을 만날 수 있는 진리를 보여준다.

　현 담임 정 목사는 지금 교회의 모습이 안타깝다. 현재 교회가 지어질 때만 해도 교회 뒤편이 높은 절벽으로 돼 있어 마치 깊은 산속의 수도원 같은 분위기였는데, 최근 인근에 공단이 들어서면서 주변 야산을 다 깎아 버려 교회 주변이 평지가 돼 버린 것.

"설계 당시 교회 주변 모습과 지금의 모습이 현저히 달라졌다"는 정 목사는 애초에 설계자가 의도했던 교회의 의미가 상당 부분 퇴색한 느낌이 있는 만큼, 조만간 백문기 씨를 비롯한 관련 전문가들을 초청해 교회의 새 위상을 모색하는 세미나를 개최하겠단다.

그렇다고는 해도 만종감리교회는 오페라하우스처럼 화려하게 짓는 과시적 외형보다는 신앙의 내부 정신이 더 중요한 기독교적 가치임을 온몸으로 보여주는 교회라 하겠다.

만종감리교회는
기독교대한감리회 소속 교회다. 1914년 원주제일교회의 지(枝)교회로 창립됐다. 1922년에야 초가 10칸을 구해 비로소 처음으로 예배 처소를 마련하는 등 힘겨운 선교활동을 펼치다 1930년 무렵에는 100여 명이 모이는 교회로 성장했다. 1940년 일제에 의해 강제 폐쇄당하는 아픔을 겪기도 했으나 1959년 재건돼 원주의 중견 교회로 자리 잡았다. 강원도 원주시 호저면 만종4리 1059-4. 033-747-2144.

횡성 풍수원성당

마룻바닥에 꿇어앉아 미사를 올리다

"성당을 건축하였습니다. 그러나 돈이 넉넉하지 못하여 잘 짓지는 못하였습니다."

한국인으로서는 세 번째 사제품을 받은 정규하(1863~1943) 신부는 1910년 2월 9일 파리외방전교회에 보낸 서한에서 그렇게 밝혔다.

그가 지은 성당은 한때 강원도 전체와 경기도 일대를 관할했던 풍수원성당. 초대 주임신부로 1888년 부임한 프랑스인 르 메르 신부는 기존 초가를 성당으로 사용했는데, 정 신부가 1896년 2대 주임으로 부임한 뒤 공사에 들어가 1907년에 준공했다. 강원도 최초의, 또 한국인 신부가 지은 최초의 성당이 탄생한 것이다.

정 신부가 고백한 대로 풍수원성당은 단출하고 소박하다. 화려하고 으리으리한 대도시 성당만을 봐 온 사람들에게 싱겁기까지 할 터이다. 그런데도 참 예쁘다. 건물의 외양도 외양이지만 분위기가 더 그렇다. 횡성읍내에서 차로 30분을 더 달려야 나오는 골짝의 품에 자리한 성당은 고즈넉해서 정겹다. 그 분위기가 예뻐

2003년에는 MBC TV 드라마 '러브레터'의 배경지로 촬영되기도 했다.

성당 앞마당에 올라서면 육중한 아름드리나무가 성당과 같은 높이로 서 있음을 먼저 보게 된다. 느티나무인 듯한데, 고풍 가득한 성당의 동반자로서 100년 역사의 중후함을 묵언으로 전해준다.

성당의 바닥 크기는 390㎡ 정도로 겨우 120평 규모. 전체 틀은 벽돌을 하나하나 쌓아 올려서 지었다. 외관의 전체 구성은 단순하지만 둥글거나 반원인 창의 형태, 적색과 회색 벽돌의 교차 사용, 처마의 내어쌓기 등으로 아기자기한 멋을 부렸다. 지붕은 목구조로 재료는 원래 골함석이었다는데, 지금은 거멀접기 방식의 동판으로 돼 있다.

육중한 벽체나 반원의 창틀을 비롯해 전체적인 구조나 평면 등은 로마네스크 양식을 따랐지만 종탑부는 8각의 첨탑을 가진 고딕적인 외관을 지향했다는 게 건축 전문가들의 설명이다.

종탑부 아래 가운데에 주 현관을 내놓았고, 그 좌우 양 측면에 부속적인 출입구를 또 내놓았다. 겸손한 신자들은 모두 이 부 출입구로 성당을 드나든다.

안으로 들어서면 6개의 기둥이 각각 양쪽으로 늘어서 있고 천장은 둥근 아치형 구조로 돼 있음을 보게 된다. 좌우 6개, 즉 12개의 기둥은 예수 부활을 증거하는 12사도의 상징이라는데, 굳이 거기까지 의미를 부여하지 않아도 성당 안은 충분히 경건한 분위기다.

이는 정갈한 제대 뒷부분에 세로로 길게 낸 3개의 스테인드글라스 때문인데, 화려하지 않게 은은하게 들어오는 빛이 제대 위 십자고상을 비추면서 절묘한 후광의 효과를 내고 있다.

바닥은 의자 없이 마룻바닥이다. 의자에 앉아 편하게 미사를 올리는 것과 마룻바닥에 꿇어앉아 미사를 올리는 것에는 신을 향한 첫 마음가짐에서부터 차이가 있

성당 후면 모습. 든든한 방주를 연상시킨다.

을 터. 풍수원성당은 지금도 불편함 가운데 온 정성을 다하는 그런 옛 방식의 마음가짐을 신자들에게 요구한다.

성당을 나와 왼편으로 돌아 언덕을 오르면 또 다른 붉은 벽돌의 2층 건물이 나온다. 지금은 성당 유물을 전시하고 있는 기념관으로 쓰는 옛 사제관이다. 성당보다 5년 늦은 1912년에 지어졌지만, 원형이 보존된 벽돌조 사제관 가운데서는 우리나라에서 가장 오래됐다. 간소한 모습 속에서도 현관, 창호, 처마 주위의 벽돌쌓기 장식이 돋보인다.

사제관에서 성당으로 가려면 돌계단을 천천히 걸어 내려가야 하는데, 당시 사제들은 그 계단을 걸으며 예배의 마음가짐을 경건히 되새겼을 터이다.

풍수원성당은 그처럼 소박한 아름다움을 간직하고 있지만 그 속에는 치열한 신앙의 열정과 역사가 갈무리돼 있다. 지금이야 번듯한 국도가 성당 앞을 지나지만

10여 년 전만 해도 좁은 비포장 길이 유일한 통로였을 만큼 성당이 들어선 자리는 첩첩산중의 벽촌이다. 200년쯤 전에는 아마도 찾아갈 엄두도 못 냈을 오지였을 것이다.

그랬던 풍수원 지역에 1801년 신유박해, 1866년 병인박해 등 고난을 피해 헤매던 천주교인들이 찾아들어 신앙촌을 형성했다. 수십 년간 성직자 없이 험난한 삶의 고비를 넘기면서 신앙을 지켜 냈던 그들이 정규하 신부를 중심으로 성당을 짓겠다고 나섰으니 그 정성이 얼마나 지극했을지는 짐작하고도 남음이 있겠다. 직접 벽돌을 굽고 나무를 베고 자재를 나르면서 흘렸던 피와 땀이 성당 곳곳에 배어 있는 것이다.

성당 뒤편으로 나 있는 '십자가의 길'을 올라가면 길이 끝나는 부분 산 중턱에 정규하 신부의 묘소가 있다. 선종할 때까지 50년 가까운 세월 동안 풍수원성당을 지켜 냈던 이다. 신자들이 숨어서 지켜 낸 신앙을 그는 성당건축으로 구현해 냈다. 그 마음을 짐작하며 아래로 성당을 내려다보니 가슴에 짠한 감흥이 일어난다. 목숨 걸고 신을 따르고자 했던 그들의 숭고한 의지에 두 손이 절로 모아졌다.

정규하 신부는
1863년 충남 아산에서 태어났다. 서울 용산성심학교에서 공부했으며, 1896년 사제직에 올랐다. 그해 6월 10일 풍수원성당 보좌신부로 부임, 두 달 뒤 르 메르 신부에 이어 2대 주임에 임명됐다. 풍수원성당은 1801년 신유박해 때 40명의 교우들이 신앙공동체를 이루며 숨어서 지킨 신앙터로 1888년 우리나라에서 두 번째로 본당으로 설정됐지만, 정 신부 부임 당시에는 한 초가 20칸 건물을 성당으로 사용하는 등 변변한 건물을 갖지 못했다. 이에 정 신부는 부임 후 10년에 걸쳐 헌금을 모아 현 풍수원성당 건물을 건립하고 이후 평생을 성당을 지키며 살았다. 1943년 81세를 일기로 선종했다. 강원도 횡성군 서원면 유현2리 1097. 033-343-4597.

대한성공회 서울주교좌성당

로마네스크 양식, 한국 풍토와 어울리다

고대 로마의 건축은 육중하고 웅장하면서도 부드러운 아름다움이 있었다. 두꺼운 벽체, 튼튼한 기둥, 거기다 반달 모양의 아치와 아케이드, 둥근 지붕 등은 그 특징들이다.

로마네스크 양식은 그런 로마풍의 특성이 짙게 배어 있는 건축 양식을 말한다. 고딕 양식이 나타나기 전, 그러니까 초기 그리스도교 시기부터 12세기까지 유럽에서 주로 교회 건축을 통해 유행했는데, 로마식 건축기법에다 비잔틴이나 이슬람, 게르만적 요소들도 일부 가미돼 형성된 양식이다.

고딕이 신을 향한 열정이 강하게 배어 있는 추상적이고 엄숙한 분위기라면, 로마네스크는 그에 비해 단조로우면서도 소박해 인간적인 멋을 느낄 수 있다.

설명이 장황한 것은 대한성공회 서울주교좌성당을 이야기하려 함이다. 우리나라에 로마네스크 양식을 표방한 건축물이 몇몇 있지만 이런저런 변형을 가미한 것들이고, 온전하게 로마네스크 양식을 갖춘 곳은 이 성당이 유일하다.

로마네스크의 특징에 충실한 성당은, 마치 장난감 블록처럼 별개의 여러 건물을 정밀하게 짜 맞춰 놓은 것 같다. 벽체는 무겁게 수직으로 내려섰고, 건물을 둘러 곳곳에 반달 모양의 아치가 연속으로 이어져 있다. 외벽은 회백색의 화강석과 붉은색의 벽돌로 마감해 두 색의 대비가 산뜻하고 깔끔하다.

지붕의 종탑이 인상적이다. 성당의 평면 구조는 아래가 긴 십자가형(라틴십자가형)인데, 그 십자가 중심 교차 부분에 있는 탑이 가장 크고, 그를 보좌하듯이 좌우에 중간 크기의 탑 두 개가 인접해 있다. 또 십자가형 건물 8개의 모서리마다 작은 탑들이 하나씩 세워져 있다. 그렇게 모두 11개의 탑들은 그 크기와 위치상 일정한 서열을 보여주며 조화를 이룬다. 탑의 지붕은 누각처럼 정사각형 형태로, 모두 기와를 올렸다. 모서리 작은 탑들의 지붕은 검회색의 한식 기와이고, 다른 3개의 탑 지붕은 건물 전체 지붕과 같은 홍갈색의 기와를 올려 시각상의 변화를 주었다.

전형적 로마네스크 양식을 보여주는 대한성공회 서울주교좌성당. 단순하면서도 순수하다.

성당이 로마네스크 양식으로 지어진 것은 대한성공회 제3대 주교였던 트롤로프(Mark Napier Trollope·한국명 조마가·1862~1930)의 의지가 강하게 반영된 때문이었다. 1911년에 부임한 트롤로프 주교는 한국의 문화에 조예가 깊었다. 한국의 종교와 건축양식, 기후에 대해서도 잘 알고 있었다.

그는 한국은, 초기 로마 그리스도교가 그랬듯이, 그리스도교가 아직 미성숙 단계이고 역사·문화적 조건도 유럽과는 달리 온화한 것이라 여겼다. 무엇보다 인근 덕수궁의 분위기를 해치지 말아야 했다. 그 때문에 강렬한 인상의 고딕보다는 단순하면서도 순수한 고대 로마의 초기 그리스도교 건축양식, 즉 로마네스크 양식이 한국적 풍토와 전통에 어울린다고 판단했다.

10년의 준비 끝에 마침내 1922년 영국인 건축가 아더 딕슨(Arthur Dixon·1856~1929)의 설계에 의해 성당 착공은 이뤄졌지만 자금 사정으로 십자가 형태의 양측 날개 부분 등을 완성하지 못하고 1926년 부분 준공에 그쳤다. 이후 미완성인 채로 70년 가까이 사용되다 1994년에야 증축이 이뤄져 1996년 비로소 현재의 모습대로 완성됐다. 현재 성당의 전체 면적은 1천158㎡(350평) 정도다.

성당 내부는 조각 따위 번잡한 장식은 배제하고 흰색 회반죽으로 소박하게 전체 벽면을 마감했다. 천장의 골조는 검은색의 나무로 돼 있으며, 창들은 아치 형태로 부드러운 색조의 스테인드글라스로 처리돼 있다.

내부 구조는 전형적인 고대 로마의 바실리카 양식이다. 입구에는 돌로 된 세례대가 있다. 이어 나오는 회중석은 좌우로 6개씩 늘어선 기둥들로 인해 신랑(身廊)과 측랑(側廊)의 구분이 확실하다. 회중석을 지나면 제대부다. 세례대와 회중석, 제대부로 이어지는 이 같은 구조에 대해 성당의 이관용 신부는 "죄의 고백을 통한 정화, 말씀에 의한 자기 위치 발견이라는 조명, 영성체에 따른 신과의 일치라는 성공회 성찬례의 단계를 상징적으로 표현한 것"이라며 "12개의 기둥은 또 12사도를 의미한다"고 설명했다.

회중석과 제대부 사이에는 좌우로 공간을 확장시킨 익랑(翼廊)이 또 있다. 좌우 익랑에 있는 별도의 부제대가 우측이 성모 마리아 제대, 좌측이 성십자가 제대다.

제대부는 다시 성가대석과 성단으로 나뉘어 있고 제대 바로 앞쪽 측벽에 주교좌가 놓여 있다. 제대 뒤 벽면은 안쪽이 들어간 완만한 곡선으로 돼 있고 천장은 또 반구형 돔으로 만들어졌다. 성공회 주교좌성당의 하이라이트는 바로 그 벽면에 설치된 모자이크다.

금빛 찬란한 이 모자이크는 영국 웨스트민스터 성당의 성 앤드류 채플 모자이크

를 만든 죠지 잭(George Jack · 1855~1932)의 작품. 높이가 5m를 넘는 모자이크는 전체를 세로로 3등분했는데, 제일 윗부분에는 한 손에 책을 들고 있는 예수 그리스도의 모습, 가운데 부분에는 다섯 인물상이 표현돼 있다. 다섯 인물은 아기 예수를 안고 있는 성모 마리아, 순교자 성 스테파노, 복음서가 요한, 예언자 이사야, 서울 주교좌성당의 수호자인 성 니콜라오다.

상단부의 예수 그리스도는 오른손을 올리고 왼손에는 성서를 들고 있다. 머리 뒤 후광 안에는 십자가가 있고, 후광 좌우에 예수 그리스도의 희랍어 약자인 'IC'와 'XC'가 쓰여 있다. 예수의 얼굴은 길며, 검은 머리칼이 신비로운 표정을 하고 있다. 오른손 두 손가락이 모여진 것은 '아버지와 나는 일체'라는 뜻이다.

성모자상은 성모 마리아가 보좌에 앉아 아기 예수를 안고 있고, 그 발 아래에 한 쌍의 비둘기가 있다. 자연스럽고 인자한 모습. 비둘기는 제물, 성령, 은유, 겸손, 순결을 의미한다. 스테파노상은 겉옷 자락에 돌들을 모아 들고 있다. 그리스도를 증거하다 돌에 맞아 숨진 인물. 핍박을 관용하는 순교자의 모습을 표현했다. 복음서가 요한상은 요한이 복음을 기록한 두루마리를 보며 강론하는 듯한 모습. 그 아래 요한을 상징하는 독수리가 앉아 있다. 예언자 이사야상은 걸으면서 독경하는 모습이다. 표정이 우울한데 닥쳐올 메시아의 고난을 걱정하기 때문이다. 성 니콜라오는 세 명의 어린이를 돌보고 있다. 산타클로스 전설의 기원이 된 인물로 가난하고 외로운 이들의 주보 성인이다.

스테인드글라스도 볼 만하다. 처음 지어질 당시에는 한식 띠살창에 투명 유리만 끼워져 있었는데, 증축하면서 재불 유리조형 작가 심현지의 스테인드글라스 작품으로 바꾸었다고 한다. 볼 만하다고 한 것은 여느 성당의 것처럼 어떤 이야기를 담았거나 초월적 색광을 내기 때문이 아니다. 전통 한옥의 띠창살에 격자 문양으로 디자인했고 색조도 은은하고 부드럽다. 한국의 냄새가 물씬 풍긴다.

단아한 공간의 지하 소성당 바닥에 트롤로프 주교의 모습(상단 오른쪽)이 새겨져 있다.
은은한 색조의 스테인드글라스.(상단 왼쪽)

성당의 지하에는 소성당이 있다. 1926년 처음 지어진 그대로인데, 대성당처럼 회중석과 제대부를 구분해 놓고, 제대 주위에는 10개의 기둥을 둘러 놓았다. 전체적으로 회백색의 단아한 공간으로 묘당의 분위기다. 실제 이곳에는 트롤로프 주교의 영구가 바닥 아래에 안치돼 있다.

전체적으로 대한성공회 서울주교좌성당은 초월적이거나 위압적인 것이 아닌 인간적인 친밀감으로 다가선다. 외양도 외양이지만 성당의 역사가 온전히 한국 근현대사의 아픔을 고스란히 간직하고 있어서 더 그렇다.

성당이 있는 서울 중구 정동 3번지 일대는 덕수궁에 인접한 서울의 중심으로, 개항 후 영국공사관을 비롯해 미국공사관, 러시아공사관, 프랑스공사관 등이 잇따라 들어섰다. 서구 침탈의 적나라한 현장에 성당이 들어선 것이다. 일제강점기 때는 주교가 영국으로 추방되고 성당은 일본인에게 맡겨지기도 했다. 6·25전쟁 때는 사제와 수녀 여럿이 북한군에게 희생됐다. 지금도 성당 제대 외부 벽면에는 당시의 총탄자국이 선명하다. 군사정권 때는 사제들이 잇따라 연행됐고, 1987년 6월 10일에는 '군부독재 타도와 민주 쟁취를 위한 범국민대회'가 열려 6월 민주대항쟁을 촉발시켰다.

외국의 종교로 들어선 성당은 그렇게 한국의 성당이 돼 갔던 것이다. 멀리서 보면 성당의 외형이 하나의 거대한 십자가임을 알 수 있는데, 그 십자가를 우리 덕수궁이 감싸 안고 있는 형국이다. 우리 문화와 전통에 넉넉히 자리 잡은 성당임을 비로소 알게 된다.

대한성공회

성공회(The Anglican Domain)는 초대 교회의 사도적 전통과 16세기 종교개혁의 성과를 함께 간직하고 있는 그리스도교의 한 일파이다. 1534년 영국 교회가 로마 교회와 분리돼 독립함으로써 형성됐는데, 대한성공회는 1889년 11월 1일, 조선교구 설립을 목적으로 고요한(Charles John Corfe) 주교가 영국 웨스트민스터 대성당에서 켄터베리 대주교로부터 주교 서품을 받는 것으로 그 역사가 시작됐다. 1974년 이후 서울교구와 대전교구, 부산교구로 분할되어 현재의 3교구 체제가 되었다. 서울주교좌성당은 그런 대한성공회의 중추이다.

서울 중구 정동 3. 02-730-6611.

고양 풀향기교회

빛, 바람, 소리를 담은 수상한 지하의 교회

뒤편 조그만 동산 너머에는 아파트 단지가 상전벽해의 기세로 들어서고 있지만, 그런 소란스러움에는 무심한 듯 아직 한적한 시골 마을로 남아 있는 곳에 풀향기교회는 있었다.

풀향기교회라! 상큼한 녹색 풀빛 향기가 물씬 풍기는 이름인데, 뜻밖에도 교회는 철근 콘크리트와 철골조로 세워진, 2008년에 완공된, 현대식 교회였다.

무엇보다 이미지가 일반적인 교회 건물과는 무척 다르다. 18m 높이에서 수직으로 내려선 십자가 종탑만 아니라면, 교회 건물은 전체적으로 낮게 바싹 엎드린 모습이다. 지상 1층에 지하 2층의 형태. 하늘보다 땅으로 향한 교회? 특이했다. 단층의 지붕은 또한 평평하게 만들었고, 전체 건물의 형태는 대지 경계선의 모양에 그대로 따랐다.

대체로 직선의 날카로움이 두드러지는 건축기법임에도 교회가 순해 보이는 건, 그렇게 주어진 여건을 거스르지 않은 때문으로 이해됐다.

멀리 지붕 위로 보이는 북한산의 맥락이 풀향기교회 풍경의 백미라 하겠다.

건물의 외장은 시블랙이라는 까만 돌로 처리했다. 까만 교회 또한 드문 것인데, 주변 산자락의 녹색 빛깔과 어울려 묘한 존재감을 풍겼다. 교회는 교회대로, 산빛은 산빛대로 서로를 드러나게 해 주는 기능을 하는 것이다. 의도적 색 배치겠다.

무엇보다 교회의 앉음새가 좋았다. 주어진 터에 자연스럽게 앉혀졌다. 교회를 둘러싼 양쪽의 산자락은 부드럽게 교회 쪽으로 내려서고, 그 앞으로는 작은 개울이 흘렀다. 산자락에서 돌아 들어가는 입구 쪽은 교회 건물보다 더 높았다.

거기서 보면 교회에서 가장 먼저 보이는 건 벽이 아니라 지붕. 그 지붕 위로 북한산이 모습을 은은하게 드러내고 있었다. 이 교회를 설계한 무회건축연구소 김재관 소장은 "지붕 위로 보이는 북한산의 맥락이 풀향기교회 풍경의 백미"라고 말했다.

그러고 보니 지상에 노출된 부분은 교회 전체 규모의 30% 정도다. 예배당을 제외한 부속공간은 다 지하로 들어간 것이다.

"가장 영향을 많이 미친 것은 고도 제한이었다. 대부분의 시설이 지하로 들어갈 수밖에 없는 법적 상황. 그 상태에서 큰 볼륨을 얻기 위해서 지붕을 평평하게 폈고 건물을 대지 경계선까지 넓히다 보니, 그것이 현재의 형태가 됐다."

김 소장의 설명이다. 여하튼 그로서는 장애 요인을 거꾸로 잘 활용해 세상에 드문 교회를 만들어 낸 것이다.

외관에 비해 예배당 안은 평범했지만, 바닥이 산자락의 지형을 그대로 따라, 제대 쪽으로 내려가는, 자연스러운 경사를 이루고 있었다. 빛은 인공의 것이 아닌 자연의 것을 최대한 받아들이려 했다. 예배당 벽면 위쪽, 그리고 제대 위쪽에 창을 내 예배당 전체 분위기는 무척 밝았다.

특별히 눈에 띄는 것은 제대 옆으로 내어놓은 수목 공간. 원래는 땅의 염원을 하늘의 신께 직접 전한다는 의미에서 예배당 천장을 통과하는 거목을 상정했는데, 신도들의 반대로 뜻을 이루지 못했단다.

대신 옆의 벽면 전체를 유리창으로 마감해, 예배당 안의 수목이 바깥 산자락의 수목과 시각적으로 연결되게 장치해 놓았다. 시선은 교회 안에서 밖으로 향하는 것이지만, 의미는 밖의 자연을 교회 안으로 끌어들였다는 것이다. 자연에 닫힌 교회가 아니라 열린 교회임을 상징하는 것이다.

교회 건물 대부분이 지하로 내려서야 하는 만큼, 김 소장은 지하를 어떻게 교회적으로 활용할까, 많은 고민을 했단다.

"지하층 하면 떠오르는 부정적인 요인들. 누수, 곰팡이, 눅눅함, 어두움……. 그런 것들을 해결하는 방식으로 '모두 열어 놓는다'는 방식을 택했어요."

그는 또 말했다.

"이 교회에서 우리가 선택한 방식은 '막는다'는 차단의 개념이 아니라 모두 '열어 놓는다'는 개방의 방식이었고 '강화(强化)'가 아니라 서로를 '상쇄(相殺)'시키는 것이었습니다. 숙주(宿主)와 본령을 화해시킨 것이지요."

땅의 아래와 위, 어둠과 밝음을 분리하는 게 아니라 열어 놓아 사람이 자유롭고 평온하게 모이는 공간으로 설정했다는 말이었다.

결과적으로 그의 의도는 성공한 셈이다. 어느 공간이든 바람과 햇빛이 들었고 그것들이 드나드는 통로에는 나무도 자랐다.

지상에서 지하로 내려가는 입구에는 어디든 자연의 빛이 풍부했다. 지상에는 바람이 없어도 지하 공간에는 바람이 살갑게 불었다. 특히 지하 2층 통로 공간(통로다 보니 위로는 하늘로 뚫려 있다)은 그 하이라이트였다.

한편에 대나무 숲을 만들어 놓았는데, 바람결에 사각대는 대나뭇잎 소리가 끊이지 않았다. 바람은 외부에서 흘러온 바람이 아니라 지하 공간에서 생성된 바람이었다. 지상과 지하의 온도와 습도의 차이가 만들어 내는 바람으로, 선풍기나 에어컨이 아닌 자연스러운 바람이었다.

햇빛 또한 대나무를 타고 들어왔다. 나무는 신화적 상징으로서 천상과 지상을

숲과 바람과 빛이 섞여 소리를 내는 지하 공간.

연결하는 매개체. 나무를 타고 들어오는 빛은 교회가 숙명적으로 가지는 엄숙의 느낌을 많이 완화시켜 주었다.

지상의 입구 쪽에는 수(水)공간을 설치해 놓았는데, 이곳에 물이 흐를 때면 그 물소리가 퍼지는 것을 지하에서 들을 수 있다고 했다. 그 소리가 지하로 내려오면서 상당한 공명을 만들어 내며 대나무에 부대끼는 바람 소리와 어우러진다는 것이다. 비라도 오는 날이면 대나무 숲의 흙냄새까지 거기에 가세한다고 했다.

그 바람과 빛, 소리, 냄새를 느끼며 한동안 앉아 있다 보면, 이곳이 지상에서 7~8m나 아래인 사실을 잊을 법도 했다. 실제 풀향기교회 신도들은 자연스레 이 공간을 만남의 장소로 즐긴다고 했다. 그러고 보면 지하 2층의 이 공간은 교회에서 일종의 커뮤니티센터 역할을 하는 공공의 장소인 셈이다.

안과 밖의 공간이 시각적으로 잘 소통되고 있다.

교회는 신성의 장소이기도 하지만 신을 섬기는 사람들이 회합하는 장소이기도 하다. 고대나 중세의 교회는 그래서 시장의 역할도 함께 수행했다. 사람들이 모이는 장소. 교회에서 가장 중시해야 할 곳은 어쩌면 예배당보다 이런 공공적인 공간일지도…….

여하튼 풀향기교회는 빛, 바람, 소리를 담은 수상한 지하의 교회다. 도시 교회가 좀체 갖기 힘든, 특장점을 가진 것이다.

풀향기교회는
대한예수교 장로회 소속의 이 교회는 국민일보사와 월간 교회건축이 제정한 국민교회건축상 공모에서 2009년도 은상을 수상했다. 경기도 고양시 덕양구 도내동 762. 031-970-4424.

물어물어 겨우 대면한 첫 느낌. 흔히 알던 교회의 모습이 아니다!
절 또는 향교가 아닌가 싶을 정도여서, 무심코 지나면 강화 사람이라도 성당이라는 생각은 못할 성싶다.

대한성공회 강화읍성당

전통 한옥으로 지어진 현존 최고(最古)의 성당

도대체가 읍내 사는 사람들 중 아는 이가 드물다. 누군가 일러주는 대로 가다 보니 웬걸, 천주교 성당이다. 찾는 곳은 천주교가 아니라 대한성공회의 강화읍성당이다. 영국에서 시작된 성공회는 천주교와 개신교의 중간쯤 되는 그리스도교단이다.

전통 한옥으로 지어진 현존 최고(最古)의 성당. 그래서 성공회 강화읍성당은 건축이나 교회사를 연구하는 이들 사이에서 유명하다.

물어물어 겨우 대면한 첫 느낌. 흔히 알던 교회의 모습이 아니다! 절 또는 향교가 아닌가 싶을 정도여서, 무심코 지나면 강화 사람이라도 성당이라는 생각은 못

여느 불교 사찰이나 유교의 향교처럼 보이는 이곳이 대한성공회 강화읍성당의 입구이다.
성당의 종도 불교 사찰의 범종처럼 모셨다.(위)

할 성싶다.

언덕 위에 축대를 견고히 쌓고 그 위에 출입문을 두었는데, 기와를 높이 올린 세 칸의 솟을대문이다. 일종의 외삼문으로, 대문짝에 태극의 문양이 선명하다. 안으로 들어서면 곧바로 또 다른 세 칸의 문이 나온다. 내삼문이다. 불교 사찰에 있는 사천왕문을 압축해 놓은 느낌이다. 그러고 보면 바깥 대문은 일주문의 역할을 하는 셈이다.

그런데 여기 내삼문에 종을 설치해 놓았다. 교회에 흔한 종탑을 두는 대신 이렇게 입구에 따로 종각 기능의 문을 두었다. 종도 서구 교회의 종이 아니라 전래 불교 사찰에 있는 범종의 형태다. 처음에 종은 1914년 영국에서 강화읍성당을 위해 기증한 것이었지만 1945년 일제의 징발에 의해 사라졌고, 지금 것은 1989년 새로 만든 것이다.

강화읍성당을 짓겠다고 처음 마음먹은 이는 대한성공회 제3대 주교인 트롤로프였다. 그는 1896년 강화읍 동문 안에 성베드로회당을 마련하고 선교를 시작하면서 강화 시가지를 한눈에 볼 수 있는 언덕 위에 교회를 짓고 거기에 큰 종을 달아 사방에 평화의 종소리를 전하겠다고 다짐했다.

지금의 성당은 그 염원이 이뤄진 것으로, 트롤로프 주교가 교회 부지로 현재의 위치를 선택한 것은 언덕의 형태가 배 모양이었기 때문이다. 구원의 방주를 생각한 것이다. 1899년 터닦기를 하면서 그는 뱃머리에 해당하는 서쪽에 외삼문과 종각을 안치하고, 배 가운데는 성당을 안치하고, 배꼬리 부분에는 주교관을 건립키로 하고 공사를 진행했다.

당시 성공회 사제들은 영국에서 정식 서품을 받은 사람들로서 상당한 학식과 연륜을 쌓은 상태에서 한국에 들어왔고, 그래서 자기들의 문화를 강요하기보다는 한국의 문화전통 안에서 복음을 이식시키려는 토착화의 입장에서 선교활동을 펴

나갔다.

트롤로프 주교 역시 한국의 문화와 풍경 등에 대해 깊은 지식을 갖추고 있었는데, 특히 한국의 불교에 관심이 많아 관련 논문이나 여행기 등을 다수 썼다. 강화읍성당이 적어도 외양에서만큼 서양식과 한국식이 어정쩡하게 뒤섞인 것이 아니라 온전하게 한옥의 형태를 갖추게 된 것은 트롤로프 주교의 그런 관심과 역량에 따른 것이었다. 거기다 그는 성당 건축을 하면서 실무 총책임자로 경복궁 중건에 참여했던 도편수를 끌어들인 것으로 전해지고 있어, 성공회의 토착화에 대한 그의 열정이 어느 정도였는지 짐작하게 한다.

여하튼 성당은 1900년 11월 15일에 완공됐는데, 동서로 10칸, 남북으로 4칸으로 모두 40칸 규모로 지어졌다. 지금의 모습을 보면 궁궐이나 사찰처럼 복잡·화려한 양식 대신 수수한 형태로 지붕과 처마를 처리해 단출하면서도 다소 육중한 느낌이다.

성당 정면부 위쪽 팔작지붕에 '천주성전(天主聖殿)'이라 쓰인 현판이 있다. '성당'이 아닌 '성전'으로 한 것은 당시 불교의 각 전각 건축에 영향을 받은 때문으로 보인다. 성당 정면 기둥에는 또 사찰의 전각에서 흔히 보이는 주련 같은 5개의 현판을 설치해 놓았다. 형태는 사찰 주련이지만 내용은 '無始無終先作形聲眞主宰(무시무종선작형성진주재·처음도 없고 끝도 없으니 형태와 소리를 먼저 지은 분이 진실한 주재자이시다)', '福音宣播啓衆民永生之方(복음선파계중민영생지방·복음을 널리 전파해 백성을 깨닫게 하니 영생의 길을 가르치도다)' 등의 내용으로 어쩔 수 없이 기독교 교회임을 표방하고 있다.

사찰 같은 분위기는, 하지만 내부로 들어서면 일변한다. 육중한 목재로 기둥과 들보가 얽혀 있다. 목재는 수령 100년 이상의 백두산 적송으로 트롤로프 주교가 직접 신의주에서 구해 뗏목으로 운반해 왔다고 한다.

한옥 기와 위에 올려진 십자가가 이채롭다.

　그렇게 목재로 이뤄졌지만 형태는, 양측으로 회랑이 길게 나 있고 가운데 회중석과 전면부에는 제대를 모신 지성소를 설치한 전형적인 바실리카 양식이다. 지성소와 회중석을 높이도 다르게 하고 칸막이를 설치해 놓은 것이 눈에 띈다. 1900년대 교회는 그렇게 신자와 성소를 엄격히 구분했던 것이다. 겉이야 한국 토착화를 의식했지만, 실속은 기독교회의 본모습을 버릴 수 없었던 것이다.

　성당 출입문을 들어서면 중간에 돌로 판 큰 세례대가 있는데, 지성소를 향한 정면에는 '重生之泉(중생지천·거듭나는 샘물)'이라 새겼으며, 그 맞은편에는 '修己 洗心 巨惡 作善(수기 세심 거악 작선)'이라 새겨 항상 몸과 마음을 닦아 악한 마음을 버리고 선을 행하라 가르치고 있다.

　벽면 위쪽에는 자연채광을 위해 유리창을 냈는데, 창살을 십자 형태로 만들어 쏟아지는 그 빛에 어리는 그림자가 거룩한 느낌이 들도록 했다. 이는 제대 뒤 예복실로 이어지는 창호창의 창살도 마찬가진데, 예복실에 불을 켜면 창호창을 통해 십사가 형태가 은은하게 제대 위로 비치게 해 놓았다.

　제대 뒤 기둥 위쪽에 '萬有眞原(만유진원)'이라 쓰인 작은 현판이 또 보인다. 하느님, 즉 신의 존재를 그렇게 표현한 것이다. 천지에 존재하는 모든 존재의 참근원이라! 오늘날 교회에서는 보지 못할 것이라 그 느낌이 각별했다.

강화읍성당은 이후 성공회를 비롯해 국내 여러 기독교 교회 건축에 직·간접적으로 영향을 미쳐 한옥 교회 건축이 뒤를 잇게 된다. 하지만 1930년대를 지나면서는 그 맥이 끊겨 버린다. 현재 강화읍성당을 지키고 있는 이갑수 신부는 그 점이 아쉽다고 했다. 진정한 복음은 자신의 것을 강요하는 게 아니라 상대의 가치를 포용해 변화시키는 것일 텐데, 지금 교회들의 모습은 그렇지 않다는 이유에서다.

'하느님의 가르침이 두루 흐르는 것은 만물과 동포의 즐거움을 두루 포용함과 다름 아니라!' 성당 정면에 주련처럼 세워져 있는 5개 현판 가운데 하나의 내용이다. 신자 수 겨우 100명 안팎의 작은 교회로 있지만 강화읍성당이 100년 동안 현재의 모습으로 던지는 메시지는 그렇게 요약된다 하겠다.

강화읍성당은
'성베드로와 바울로성당'이라고도 불린다. 성당 자체가 사적 제424호로 지정된 문화재인데, 인근에 고려궁지와 용흥궁이 있어 성당과 함께 한 묶음으로 볼거리가 된다. 용흥궁은 조선 제25대 왕 철종이 왕이 되기 전 19세 때까지 유배돼 살던 곳. 이른바 강화도령의 흔적을 알 수 있는 전통 가옥이다. 고려궁지는 고려왕조가 1232년 몽골군의 침입에 대항하기 위하여 왕도를 강화로 옮긴 후 1270년 화의를 맺고 개성으로 환도할 때까지 39년 동안 존속했던 왕궁 터이다. 현재 발굴작업 중. 인천시는 용흥궁과 고려궁지를 강화읍성당과 연계해 '강화 문화의 거리-고려길'로 꾸밀 계획이다. 인천시 강화군 강화읍 관청4리 422. 032-934-6171.

안성 천주교 미리내성지

온 삶을 내던져 신앙을 지키다

　7월 5일은 한국 천주교에서 순교자 김대건 안드레아 신부 대축일로 기념하는 날이다. 중국에서 한국인 최초의 사제가 돼 이 땅에 돌아왔지만 1846년 불과 25세의 나이로 형장의 이슬이 된 이. 천주교회는 그의 죽음을 두고 '한 점 흠결 없는 순교'라 칭송한다. 그 흠결 없는 순교로 인해 김대건 신부는 '한국 성직자의 수호자'라 불리었고, 마침내 1984년 로마 교황청에 의해 천주교 성인의 반열에 올랐다.

　김대건 신부를 제대로 느끼려면 아무래도 경기도 안성시 양성면 미산리에 있는 미리내성지를 찾아야 한다. 안성시내에서 버스를 타고 40분은 더 들어가야 나오는 산골. '미리내'라는 이름이 참 예쁘다. 은하수, 반짝이는 하늘 별무리의 모습을 이르는 순 우리말.

　하지만 그 이름의 속사연은 마냥 예쁜 데서 그치지 않는다. 이곳은 19세기 초 조정의 탄압을 피해 천주교 신자들이 숨어들어 옹기를 굽고 화전을 일구어 살았던

미리내성지 내 성요셉성당. 김대건 신부의 턱뼈가 모셔져 있다.

곳. 밤이면 달빛 호롱불빛이 은하수처럼 보여 미리내라 불리게 됐단다. 신앙을 지키기 위해 온 삶을 내던졌던 이들의 신산(辛酸)이 그 이름에 녹아 있는 것이다.

　미리내성지가 성지가 된 것은 그런 사연에다, 한국인 최초의 사제인 김대건 신부의 유해가 안장되면서 한국 천주교회사에서 가장 중요한 의미를 갖게 됐기 때문이다. 이후에는 서울 경기도 일원 무명 순교자들의 묘소까지 이장되면서 한국의 대표적인 순교성지가 됐다. 1970년대부터 성역화사업이 시작돼 지금은 125만㎡의 넓은 지역에 광장과 수도원, 순교자 묘역, 순례자 공간 등 여러 시설이 들어섰다.

　성지 입구에 들어서면 왼편으로 아늑한 숲길이 보인다. '묵주기도의 길'과 '십자가의 길'이다. 순교자들의 치명(致命)을 생각하며 조용히 묵상하며 걸어야 한다. 한참을 걷다 보면 저만치 숲 너머 웅장한 건물이 모습을 드러낸다. 1991년 봉헌된

서울 명동성당을 모델로 지어진
'한국순교자 103위 시성 기념 성전' 내부.

'한국순교자 103위 시성 기념 성전'이다.

    성당과 종탑의 두 부분으로 구성돼 있는데, 성당은 지하 1층·지상 2층에 연면적이 3천450㎡에 이르는 거대한 규모다. 전체적으로 철근 콘크리트 구조지만 외벽을 흰 대리석으로 처리해 굳센 인상을 준다. 마치 피라미드처럼 윗부분으로 갈수록 경사진 기하학적 외형이다. 이는 순례자들의 시선을 자연스레 위쪽으로 이끎으로써 매서운 순교로 성인이라는 높은 곳에 이른 이들을 향한 경모의 메시지를 담은 것이고, 또 주변의 산세와 어우러지게 의도한 것이다. 그에 비해 종탑은 수직으로 공간을 단절해 내려와 매서운 순교의 성지라는 이미지를 부각시켜 준다.

    보는 이에 따라서는 성전 건축이 지나치게 크고 특이해 주변 자연과 어울리지 않는다는 지적도 있지만, 최고의 신앙을 순교로 인정하는 천주교인의 입장에서는

성전을 보다 두드러지게 보이고자 했을 심정을 이해 못할 바도 아니겠다.

외부는 그렇게 다소 생경스럽지만 내부는 전형적인 서구식 성당의 공간을 구현하고 있다. 라틴크로스 형태로 가운데 정랑(正廊)과 양 측랑의 구별이 뚜렷한 점, 천장의 교차형 리브, 제대 위와 성당 내부를 두르고 있는 반원의 줄창 등이 그렇다. 서울 명동성당을 모델로 했다는 것이 성지 관계자의 말이다.

성당 내 제대에는 김대건 신부의 유해 중 종아리뼈가 모셔져 있다. 바싹 말라 굉장히 가늘어진 뼈. 보는 이는 가슴이 뭉클해진다. 그 제대 위 스테인드글라스가 돋보인다. 김대건 신부를 비롯한 한국 천주교 103위 성인의 모습을 한 사람 한 사람 정교하게 표현한 순교 성인화다. 1976년 문학진 화백이 그린 원화는 서울 혜화동 성당이 소장하고 있는데, 빛으로 장엄되는 스테인드글라스는 그림과는 또 다른 성

김대건 신부 묘소가 있는 '한국순교자 79위 시복 기념 경당'. 아담하다.

스러움을 발산한다. 그밖에 성당 2층에는 박해시대 천주교인에게 사용된 고문형구와 순교 참상의 모형물들이 있어 당시 교난을 생생히 전해 준다.

기념 성전을 나서 위쪽으로 더 오르면 하얀 벽면에 빨간 지붕을 인, '한국순교자 79위 시복 기념 경당'이 나온다. 경당(經堂)은 경배와 기도를 드리는 작은 성당을 말한다. 김대건 신부의 순교정신을 헌향하기 위해 1928년 건립됐는데, 아담한 크기지만 미리내성지 순례의 절정이 되는 곳이다. 김대건 신부의 발뼈가 안치돼 있을 뿐만 아니라 그의 묘소가 바로 앞에 있기 때문이다.

103위 시성 기념 성전의 웅장한 모습과는 대조적으로 단순한 맛이 일품인 건축물이다. 내부는 전체적으로 흰색 바탕으로 더없이 정결(精潔)하다. 전면 제대 위에는 종탑 모양의 구조물에 십자가가 자리하고 있고 주위 창문은 고딕 양식으로 되어 있다. 성인의 유해를 모셨다는 위엄과 함께 그런 단순함과 정결함이 종교적 경건함을 각별하게 해 준다.

경당을 지나 성지를 한 바퀴 둘러본 뒤 입구 쪽으로 다시 내려오면 왼편 작은 언덕에 1906년에 건립된 '미리내 성요셉성당'이 있다. 이곳의 초대 주임으로 부임했던 강도영(1860~1929) 신부가 신자들과 함께 몸으로 지은 것이다. 전면의 종탑은 서구 고딕 양식을 본떴지만, 벽체는 돌과 흙으로 쌓은 뒤 지붕은 한옥 형태로 올렸다. 소박한 그 모습이 오히려 정겹다. 내부는 목조 기둥과 바닥으로 특별한 건축적 의미는 없지만 제대 아래 김대건 신부의 턱뼈가 모셔져 있어 100년 역사의 무게를 더해 준다.

김대건 신부는 처형당하기 불과 보름 전 보낸 한 통의 편지에서 교우들에게 이런 말을 전했다. "모든 신자들은 천국에서 만나 영원히 누리기를 간절히 바란다. 내 입으로 너희 입에 대어 사랑을 친구(親口)하노라." 죽음을 초월해 사랑으로 나아간, 성인(聖人)의 모습이 여실한 대목이다.

성지를 둘러보는 내내 성인의 그 말이 우렁우렁 울리는 듯하다. 미리내성지는 그렇게 김대건 신부의 죽음을 곳곳에서 현재적 시점으로 온전히 부활시켜 놓았다.

미리내성지

미리내는 은하수의 순수 우리말. 성지는 경기도 안성의 시궁산과 쌍령산 중심부, 은하수 별빛 밝은 곳의 깊은 골에 자리하고 있다. 한국인 최초의 사제인 김대건 성인의 묘소와, 이윤일 성인의 묘소 유지(遺址), 그리고 '16위 무명 순교자의 묘역'이 있는 거룩한 성지이다. 또한 조선교구 제3대 교구장 페레올 주교, 미리내 초대 본당 신부로 부임하여 1929년까지 33년간 본당을 지킨 초대 주임 강도영 신부와, 미리내 본당 3대 주임 최문식(崔文植 · 베드로) 신부의 묘소가 함께하고 있다. 김대건 신부 묘역 위쪽에는 김대건 신부의 어머니인 고(高) 우르술라의 묘소, 그리고 김대건 신부의 시신을 이곳에 안장했던 이민식의 묘소가 나란히 자리하고 있다. 1972년 성역화 사업 이후 성지의 전체 규모는 38만여 평. 103위 한국 성인을 기념하는 대성당이 건축되면서 한국 천주교 최대의 성지로 자리 잡았다. 경기도 안성시 양성면 미산리 141. 031-674-1256.

제주도 지니어스 로사이

바람과 돌, 바다를 안고 삶을 성찰하라

일본의 세계적 건축가 안도 타다오(68)의 건축은 독특한데, 교회 건축에서도 그렇다. 1988년 일본 홋카이도 외딴 고원 지대인 토마무에 지은 '물의 교회'. 숲으로 둘러싸인 인공 연못과 그 안에 가만히 놓인 철제 십자가가 인상적인 교회다. 주변 개울로 흐르게끔 설계된 수심 20㎝의 연못물은 작은 바람에도 잔잔한 파문이 인다. 거기에 산란된 빛은 다시 십자가를 비추며 교회는 시시각각으로 다른 표정을 내보인다. 물은 그렇게 바람과 함께 신성을 배가시키는 요소가 된다.

일본 오사카 이바라키 현에 있는 '빛의 교회'는 안도 타다오가 1989년 디자인한 교회. 노출 콘크리트 벽면의 틈새로 스며드는 빛이 만들어 내는 십자가, 그 십자가로 구현되는 드라마틱한 공간 구현으로 유명하다.

그처럼 안도 타다오의 건축에는 항상 빛과 물, 바람과 풀, 하늘 등 자연이 긴밀

안도 타다오의 작품이 대부분 그렇듯, 외관에서는 묵묵한 노출 콘크리트의 차가움을 먼저 보게 된다.
그 차가움은 직선의 선과 면이 사방으로 가로지르며 안과 밖을 끊어 놓는다.
단절인 것인데, 그 때문에 밖에서는 '지니어스 로사이'의 내부가 어떤 곳인지 전혀 짐작이 안 된다.

얕고 잔잔하지만, 작은 폭포처럼 양안에서 끊임없이 물이 흘러내린다. 면면히 변화하는 자연의 속성을 은유한 것이다.

하게 연결돼 있다. 그 때문에 그의 건축은 경건함을 느끼게 하는데, 특히 교회와 같은 신성의 건축물에 대해 그는 이렇게 말한 바 있다.

"신성한 공간이란 어떤 방법으로든 자연과 관계를 맺어야 한다. 신성한 공간에 관계되는 자연은 건축화된 자연이다. 물, 빛, 또는 바람이 인간의 의지에 따라 자연 그 자체로부터 추상화될 때 신성에 접근하게 된다."

안도 타다오가 설계한 제주도 '지니어스 로사이(Genius Loci)'는 그런 이유에서 종교적 건축으로 읽힌다. 직접적으로 교회나 절의 명칭은 붙이지 않았지만 그가 신성의 공간에 부여하고자 하는 생각의 총화가 '지니어스 로사이'에 응집돼 있기 때문이다.

2008년 6월 제주도 동쪽 끝 섭지코지의 자연 풍광을 배경으로 문을 연 리조트 휘닉스아일랜드 내에 있는 '지니어스 로사이'는 명상의 공간으로 지어진 건물이다. 성산 일출봉을 저 멀리 두고 제주도의 바람과 돌, 풀, 하늘, 바다를 모두 안고 삶과 운명을 성찰하라는 것이다.

안도 타다오의 작품이 대부분 그렇듯, 외관에서는 묵묵한 노출 콘크리트의 차가움을 먼저 보게 된다. 그 차가움은 직선의 선과 면이 사방으로 가로지르며 안과 밖을 끊어 놓는다. 단절인 것인데, 그 때문에 밖에서는 '지니어스 로사이'의 내부가

오른편의 거친 돌담과 왼편의 매끈한 콘크리트담이 각각 피안과 차안을 상징한다.

어떤 곳인지 전혀 짐작이 안 된다. 사실 마음과 영혼을 깨끗이 하자는데 바깥의 속진(俗塵)은 끊어서 떨쳐 버려야 할 것이다.

과연, 출입문을 통해 안으로 들어서니 별(別)세계다. 담장 안 너른 마당에는 흑갈색의 현무암들이 무더기로 펼쳐져 있다. 돌의 공간이다. 거친 질감의 돌들의 군집은 문득 거친 광야를 연상시킨다. 예수가 그랬던 것처럼, 위대한 종교는 모두 광야의 깊은 명상에서 나왔다.

햇살 아래 바람이 휭하다. 제주도의 바람은 거칠다. 그런데 안도 타다오는 제주도의 그 바람을 물리적으로 잡았다. 돌의 정원 오른편에 사각 구조의 담을 내고 그 안에 사람 키 높이의 억새 같은 풀들을 무성하게 심어 놓았다. 바람의 공간이다. 제주도의 바람은 그 풀들에게 잡혔다. 속을 지나다 보면 쏴쏴 하는 소리와 함께 풀들의 율동을 느끼게 된다. 바람을 청각과 시각으로 잡은 것이다.

바람의 공간을 지나면 본격적인 명상의 공간으로 들어가는 입구를 보게 된다. 입구의 담장은 바깥의 콘크리트 담장과 다르다. 현무암을 꼼꼼히, 또 깔끔하게 쌓아 올렸다. 외부의 담장이 단절이라면 이 담장은 흡인의 담장이다. 광야에서 수행의 공간으로 어서 들어오라는 것이다.

입구가 흑갈색의 담장에 마치 액자처럼 뚫려 있다. 거길 들어서면 이번엔 물의 공간이다. 양쪽 비스듬한 벽면으로 물이 흘러내린다. 작은 폭포 같다. 촐촐촐, 물소리가 끊이지 않는다. 안도 타다오의 건축에서 물은 인위적인 틀 안에 갇혀 있지 않다. 얕고 잔잔하지만 쉴 새 없이 흐른다. 끊임없이 변화하는 자연의 속성을 은유적으로 담아낸 것이다.

명상의 실내 공간은 지면보다 아래에 있다. 내리막의 물의 공간을 지나면 정면 담장에 가로로 길게 틈을 내 놓았다. 거기로 바깥의 자연이 들어온다. 벌판, 바다, 그 너머 성산 일출봉까지. 위를 보면 지붕은 없고 대신 파란 하늘이 쏟아진다. 안도 타다오는 이렇게 말하는 것 같다.

"본격적인 수행에 앞서 이런 자연을 마지막으로 가슴에 담아 두라! 궁극의 진리, 신, 참나를 깨닫는 것은 곧 다시 이런 자연으로 돌아가는 것일 테니."

지하로 내려가는 길은 성벽 같은 높은 벽 사이로 나 있다. 양쪽의 벽은 이상하다. 왼쪽은 매끈한 콘크리트 벽, 오른쪽은 거친 현무암을 집적해 놓은 벽이다. 두 질감의 대비는 차안과 피안, 단절과 통로, 자연과 인공, 성과 속, 사유와 행동, 정(靜)과 행(行)……, 많은 의미를 담은 것일 게다.

깊이 내려가는 길. 벌써 자연의 빛은 사라졌다. 어둠 속에 인공의 조명이 하나씩

비추는 길이다. 침전이고, 심연에 닿는 길이며, 존재의 근원에 둘러 둘러 접근하는 길이다.

'지니어스 로사이'는 명상을 돕기 위해 미디어적 장치를 끌어들였다. 미디어 아트 작가 문경원 씨의 작품을 세 공간에 각각 설치해 놓았다. 동선에 따라 먼저 접하는 것은 '다이어리(Diary)'라는 작품이다. 나무의 생장과 소멸, 재생을 영상으로 표현했다. 앙상한 가지에 잎과 꽃이 피고, 점점 번성하다, 다시 하나씩 떨어지고, 사그라지고, 다시 피고……. 그런 나무의 묵언의 생명 순환은 유한과 무한의 섞인 존재의 실상을 잘 보여준다.

두 번째 작품은 '어제의 하늘'. 암흑의 실내 바닥에 하늘 풍경 영상이 떠 있다. 하늘은 그 자체로 커다란 우주이자 인간의 과거와 현재, 미래를 감싸 안고 있는 세계. 그런 미세한 시간의 경과를 담고 있는 하늘 위에는 거품 같은 풍경들이 떠돌아다닌다. 환영처럼 찰나의 덧없음을 상징한다.

세 번째 '오늘의 풍경' 작품은 바깥의 카메라를 통해 들어오는, 일출부터 일몰까지의 실시간 일출봉 풍경이 화면에 투사된다. 지하에서 보는 지금 이 순간의 바깥세상을 이어주는 빛. 그 간접의 풍경을 통해 지금 이 순간의 존재가 어떤 것인지 되돌아보게 한다.

그런 작품 속에서 가부좌를 틀고 명상에 들다 보면, 현실에서 한참이나 떨어져 있는, 우주 저 끝의 신비한 공간 속에 몸이 부유하는 듯한 느낌을 갖게 된다. 그 감흥의 여운은 오래 가, 건물 밖으로 다시 나와서도 한동안 멍한 상태로 있게 된다.

'이 땅을 지키는 수호신'이라는 뜻의 '지니어스 로사이'. 지키려는 것은 섭지코지로 대표되는 제주도의 자연일 터이다. 자연은 인간을 비롯한 모든 존재의 근원이라 신성한 것. 안도 타다오는 그런 존재의 신성한 근원을 물, 빛, 바람, 돌 등으로 추상화한, 독특한 건축물을 우리에게 던져 놓았다.

안도 타다오(安藤忠雄)

1941년 일본 오사카에서 태어났다. 14세에 목수 일을 시작하면서 건축에 흥미를 갖게 됐단다. 20세를 전후해 한때 프로 복서로도 활동했다. 그때 번 돈으로 세계 각지를 여행하며 홀로 건축을 공부했다. 당시 여행에서 느꼈던 거장 르 코르뷔지에는 그의 건축에 평생의 영감을 제공했다. 1969년 그는 건축 연구소를 설립했고 1979년 오사카에 '스미요시 연립 주택'을 지어 일본 건축학회상을 수상하면서 이름을 알렸다. 1995년에는 건축의 노벨상이라는 프리츠커상을 받았다. 빛과 그림자는 그가 평생을 두고 고민해 온 건축의 화두다. '지니어스 로사이'는 그의 고민이 집적된 최신작이다. 제주특별자치도 서귀포시 성산읍 고성리 127-2 휘닉스아일랜드 내. 064-731-7000.

제주도 강정교회

오름, 하늘오름이라고 부르고 싶다

제주도 남단 외진 곳의 강정마을은 어수선했다. 한때 온 나라를 들썩이게 했던 제주도지사 주민소환투표의 원인이 됐던 곳. 투표는 허망하게 끝났지만 마을에 새겨진 생채기는 커 보였다. 평생을 이곳에서 살았다는 한 노인은 "개발로 기대에 들떠 있는 사람, 개발을 막지 못해 괴로워하는 사람, 토지 보상비가 적다며 욕하는 사람, 그렇게 마을과 마을, 사람과 사람이 쪼개져 버렸어"라며 안타까워했다. 한갓진 시골 마을에 얄궂은 바람이 불고 있는 것이다.

그러거나 말거나……, 마을 가운데 도드라지게 서 있는 강정교회는 평온하고 포근했다. '도드라지게' 서 있다는 것은 시골에서 흔히 보는 교회 모습이 아니라는 말이다. 무채색의 콘크리트를 그대로 노출시킨, 교회라면 상식적으로 갖고 있는 뾰족탑이 없는, 직육면체의 방정함 대신 비스듬히 내린 사선의 낯섦이 당혹스러운, '도시도 아닌 촌에 어째서 이런 건축이 가능했지?'라는 의문이 드는, 그러면서도 사람을 위압하지 않게 아담한, 그런 모습이다.

무채색의 콘크리트를 그대로 노출시킨, 직육면체의 방정함 대신 비스듬히 내린 사선의 낯섦이 당혹스러운, 그러면서도 사람을 위압하지 않게 아담한, 그런 모습이다.

지금이야 노출 콘크리트 기법으로 짓는 교회가 간혹 생기지만, 강정교회 새 건물이 지어질 1997년 당시, 더군다나 제주도에서 콘크리트를 그대로 내놓는 교회 건축은 파격이었고, 교회 신자들에게는 충격이었다. 수십 년째 강정교회에 다니고 있다는 김철원 장로는 그때를 이렇게 회상한다.

"벽체를 콘크리트로 하겠다는 설계자의 설명에 얼마나 당황했는지 모릅니다. 콘크리트를 그대로 둔다는 건 건물을 짓다 만 흉물로 생각했거든요. 또 교회는 대리석으로 깔끔하게 정돈돼야 하고 페인트로 예쁘게 치장해야 된다는 게 제 생각이었습니다. 그런데 그게 아니래요. 설계자는 제일 순수한 소재가 콘크리트라는 겁

니다. 여하튼 설득돼 설계자의 뜻대로 공사는 진행됐는데, 처음 거푸집을 떼던 날, 사람들이 놀랐습니다. 벽에 구멍이 뻥뻥 뚫려 있고, 자갈도 보여 엄청 실망스러웠거든요. 그런데…… 희한하게도 다 짓고 나니 그게 점점 좋아 보이는 거예요. 세뇌를 당했는지, 아니면 우리 심미안이 높아졌는지……. 지금은 우리 교회에 뿌듯한 자부심마저 갖고 있습니다."

신자들의 우려에도 노출 콘크리트를 밀어붙인 설계자는 서울 무회건축연구소의 김재관 소장이다. 노출 콘크리트는 순수해서 아름답다는 게 그의 생각이다.

"다소 사치스럽고 졸렬한 풍경을 보여 왔던 한국 교회 건축에 노출 콘크리트가 대안이라고 봤습니다. 화장하지 않은 여인의 깨끗한 얼굴, 그 순수성의 효과, 기교와 가식을 과감히 단념한 진실의 미학이 거기에 있습니다. 사실 노출 콘크리트로 지어진 교회는 그 재료가 뿜어내는 상징만으로도 이미 절제와 겸허함을 묵묵히 웅변하고 있는 셈입니다." 여하튼 강정교회는 그 노출 콘크리트 때문에 순수하면서도 강렬한 인상을 던져 준다.

교회 앞마당을 가로질러 진입구 역할을 하는 필로티 형식의 데크에 서면 직사각형으로 잘 정돈된 작은 연못이 보인다. 교회에서 이런 연못은 단순한 조경에 그치는 게 아니라 세례 또는 침례의 상징으로 기능한다. 신의 공간에 들어서기 전 스스로를 정화하라는 메시지를 던지는 것이다.

필로티에서 예배당으로 가려면 오른쪽의 완만한 계단을 올라야 한다. 그 계단 끝에 종탑을 세워 놓고 그 아래 십자가를 모셔 놓았다. 예배당에 들어가려는 이는

먼저 시선을 들어 종과 십자가를 보게 되는데, 마치 어둠의 터널 끝에 신의 모습을 보는 것 같아 인상적이다.

계단을 오르면 텅 빈 공간이 나온다. '교제의 마당'이라 이름 붙였다. 거기서 예배당 회중석으로 들어가는 입구를 보게 된다. 입구에 들어서면 다시 홀이 나오고 정면 양쪽으로 출입문이 나오고, 그 문을 열면 바로 앞에 둥근 스크린이 서 있다. 이 스크린을 돌아서야 비로소 제단을 비롯한 예배당 안이 전부 보인다.

곧바로 문을 열고 예배당 안으로 들어서지 않게끔 해 놓은 게 무슨 의도가 있는 듯하다. 바로 제주도의 올레를 연상시킨다. 강정교회 건물은 외관상으로는 폐쇄적인데 실제로는 건물 사면 어디서나 출입이 가능하게 되어 있다. 필로티에서 계단, 종탑, 교제의 마당, 예배 공간, 다시 현관과 안쪽 잔디 마당에 이르는 동선이 서로 분리된 공간으로 있으면서도 막힘 없이 연결돼 있다. 제주도라는 지역성을 건축의 의미에 담은 것일 테다.

장황한 소통의 외부와는 달리 예배당 안은 의외로 직사각형의 평면 공간뿐 별다른 장식 없이 간결하다. 제대 뒤 벽면이 원형으로 둘러져 있어 직선의 날카로움을 완화시켜 주는 역할을 하고 있을 뿐이다. 다른 벽체는 매끈한 콘크리트로 돼 있는데, 이 원형 벽면은 모르타르 뿜칠로 거칠게 마감해 놓았다. 이게 이 예배당의 건조한 외양에 악센트를 주는 요소다. 천장의 창으로 떨어지는 빛이 이 거친 벽면에 떨어지면서 부드러우면서 밝은 분위기를 연출하기 때문이다. 사치나 화려한 장치 없이 펼치는 소박한 빛의 연출이다.

새 교회가 지어진 것은 10년 남짓이고, 신자 수도 200명 안팎으로 작지만, 강정교회는 올해 설립 62주년을 맞은, 제주도에서 유서 깊은 교회다. "강정천 맑은 물이 제주의 목마름을 시원하게 했던 것처럼 영적인 목마름을 호소하는 제주 땅을 시원한 생명수로 섬기고자 한다"는 게 담임 박희식 목사의 교회 운영 방침이다.

그와 관련해 김재관 소장은 "오름, 하늘오름이라고 부르고 싶다"고 했다. 하늘오름이라……, 딱 좋은 표현이다. 소박하게 엎드려 제주 사람의 쉼터 역할을 하는 오름처럼, 개발 따위 세파의 흐름에 휩쓸리지 않고 순수한 신앙의 요람으로 제주도 사람의 영혼을 달래 주는 교회로 오래 남아 달라는, 그런 염원을 담은 게다.

강정교회는
대한예수교 장로회 소속. 1948년 4월 30일 강정마을의 한 가정집에서 서울 영락교회에서 파송된 이득홍 전도사의 인도로 예배를 올린 것이 강정교회의 시초다. 천혜의 자연경관을 자랑하고 있는 제주도, 그러나 4·3사건 등 정치적·이념적 격동기의 제주도에서 혼란을 꿰뚫고 이연히 선교활동을 이어보고 있다. 교회 설립 60주년을 맞은 2008년에는 필리핀 단기선교를 이끌어 낼 만큼 내실 있는 교회다.
제주특별자치도 서귀포시 강정동 4400-4. 064-739-0691.

보시한 이들의 공덕을 예찬하다

제주도 약천사 대적광전

제주도 약천사의 대적광전은 과연 컸다. 단일 법당으로는 국내 최대, 아니 동양 최대라는 말이 그냥 나온 말이 아님을 실감했다. 3천380㎡(1천22평) 넓이의 대지에 올려진 지붕의 높이가 29.5m. 그 앞에서 사람은 까마득히 작은 존재임을 새삼 확인하게 된다.

콘크리트 골조가 바탕이지만, 팔작의 기와지붕이나 다포식 공포, 날렵한 추녀의 굴절각 등 전통 건축양식대로 지어진 대적광전은, 밖에서 보면 그 웅장함에서 전남 구례 화엄사 각황전의 느낌을 강하게 받는다. 한데, 각황전이 2층의 구조인 데 비해 약천사의 대적광전은 3층의 지붕으로 돼 있다. 이는 약천사 창건주 혜인 스님의 원력이 그대로 반영된 때문이다.

제주도 출신의 혜인 스님은 해인사 일타 스님을 은사로 출가해 전국 제방에서 수행하다 1981년 고향으로 돌아와 서귀포 앞바다가 내려다보이는 현재의 자리에 대가람을 지을 원(願)을 세웠다. 그때 스승 일타 스님이 내려준 글귀가 '원만불사도중생(圓滿佛事渡衆生)'이었다.

'불사를 잘 도모해 중생을 제도하라'는 뜻으로, 혜인 스님은 제주도에서 중생을 제대로 제도하기 위해서는 무엇보다 웅장한 도량이 필요하다고 생각했다. 혜인 스님의 제자로, 현 약천사 주지를 맡고 있는 성원 스님은 스승의 뜻을 충분히 짐작한다고 했다.

"제주도에는 바람이 심하고 비도 수시로 내리지요. 큰 법회를 가지려고 해도 뭍에서처럼 바깥에서 행사를 치르기 어려울 때가 많아요. 그래서 큰스님은 가능하면 많은 사람을 수용할 수 있는 법당을 바라셨어요. 거대 법당은 그런 이유로 지어진

제주도 출신의 혜인 스님은 해인사 일타 스님을 은사로 출가해 전국 제방에서 수행하다 1981년 고향으로 돌아와 서귀포 앞바다가 내려다보이는 현재의 자리에 대가람을 지을 원(願)을 세웠다. 그때 스승 일타 스님이 내려준 글귀가 '원만불사도중생(圓滿佛事渡衆生)'이었다. '불사를 잘 도모해 중생을 제도하라'는 뜻으로, 혜인 스님은 제주도에서 중생을 제대로 제도하기 위해서는 무엇보다 웅장한 도량이 필요하다고 생각했다.

화려함의 극치를 보여주는 약천사 법당 안 불단.

겁니다."

　실제로 혜인 스님은 화엄사 각황전의 웅장함과 전북 김제 금산사 미륵전 3층 기와지붕의 구조적 아름다움을 버무린 법당을 구상했고, 직접 조감도까지 그려 보이는 의지를 나타냈다고 한다. 이전까지 국내에서는 볼 수 없었던 큰 규모의 약천사 대적광전은 1996년 그렇게 탄생했던 것이다.

　법당 안은 그런 웅장함에 눈부신 화려함까지 더해져 있다. 밖에서는 3층인데 내부는 천장까지 터져 있는 통층 구조다. 다만 법당 안쪽 둘레는 4개 층의 회랑이 설치돼 있다.

　전면에 모신 불상들, 또 그 위에 설치한 닫집이 금빛으로 화려함의 극치를 보여준다. 주불은 비로자나불로 나무로 불상을 만들어 금칠했는데, 나무는 백두산에서 가져온 것이란다. 높이가 4.8m로, 좌대까지 합하면 6.8m에 이르는 대형 불상이다.

청동의 보처불로 왼편에 약사여래불을 모셨다. 예로부터 약수가 나오던 곳이라 절 이름도 약천사로 지었는데, 그리 생각하면 중생을 질병에서 구원해 준다는 약사여래불 봉안은 당연한 것이겠다. 또 다른 보처불로 오른편에 아미타불상을 안치했다. 약천사가 위치한 서귀포(西歸浦)라는 명칭이 서방정토로 귀의코자 하는 불자들의 서원에서 유래됐다는 이유에서다.

후불탱(불상 뒤에 설치하는 불화)이 목각으로 돼 있는 점이 독특했다. 목각탱은 그 예가 매우 드문 편인데, 약천사 대적광전에서는 아미타 후불탱, 약사여래 후불탱 등 법당 내부의 모든 탱화를 목각으로 일괄 제작해 놓아, 법당 만들 때 들인 정성이 보통이 아님을 짐작하게 한다. 그런 정성이 통했는지 이 약천사 목각탱은 2006년 서귀포시 지정향토유형유산 제5호로 지정되었다.

법당 내부 4개의 기둥에는 용들이 여의주를 다투며 부처에게 공양하는 형상을 하고 있어 의아스러웠는데, "약천사 건립에 보시한 이들의 공덕을 예찬하는 의미"라고 성원 스님은 설명했다.

하지만 그 모든 것에 앞서 약천사 대적광전의 화려함의 백미는 단청이다. 법당 안팎, 위와 아래를 둘러싸고 빽빽하게 단청을 입혀 놓았는데, 근년에 했다고 보기 어려울 정도로 전통적인 품격을 유지하고 있으며, 색감이나 모양도 섬세하게 표현돼 있다.

단청은 목조 건축에 입혀 습도나 기온의 변화로 인한 목구조의 퇴락을 방지하는 기능을 하는 동시에, 인간의 미적인 욕구와 건물의 위엄을 말해 주기도 한다. 하지만 제대로 하려면 들여야 하는 공력이 워낙 커야 하는 탓에 쉽게 실행에 옮기

불단 위 닫집이 웅장무비하다.

지 못하는 작업이다. 그런데도 약천사 대적광전처럼 거대한 규모의 법당에 단청이 시도됐으니, 그 고초가 이만저만이 아니었을 터이다.

단청은 1992년 가을에 시작해 2년여에 걸쳐 완성됐는데, 당시 작업을 맡았던 단청장 전창우 씨는 그 과정에서 지나치게 몸을 혹사해 단청 완성 후 1년여 뒤에 쓰러져 세상을 떠났다. 그로서는 약천사 대적광전의 단청이 그야말로 필생의 역작이었던 셈이다.

성원 스님은 그런 그가 고맙고 아쉽다고 했다. "단청을 시작하면서 전 선생은 신명을 바쳐 완성해 보이겠다고 의지를 보였는데, 대적광전 낙성식을 불과 3개월 앞두고 세상을 떠나 버렸어요. 그분의 노고와 정성을 우리 약천사 대중은 잊지 못합니다."

1980년대만 해도 전기도 없었고 길도 제대로 열려 있지 않았던 약천사는 그런 대적광전이 준공돼 위용을 드러냄으로써 제주도의 유력한 사찰로 거듭났다. 제주도민뿐만 아니라 부산 등 육지 신도와 일본의 불자들까지 즐겨 찾는 명소가 된 것이다.

하지만 그리 되기까지 약천사 대중들이 겪었던 고행은 지난한 것이었다. 성원 스님은 그때를 회고했다.

"크고 화려한 절을 짓는다고 마뜩찮은 눈길을 보내는 이들도 있었지만, 스승 혜인 스님은 '입으로 들어가면 다 똥 될 것인데 먹는 것에 집착하지 말라'며 불사를 위한 돈 외에는 어느 것도 제대로 쓰지 못하게 하셨습니다. 하도 먹을 게 없어 오랫동안 인근 두부공장에서 콩비지를 얻어다 먹었을 정도였어요. 그렇게 고생해서 일으킨 불사였지만, 다 이루고 나서는 미련 없이 대중에게 회향했습니다. 사심으로 한 것이 아니란 얘깁니다."

현재 약천사는 대한불교 조계종 소속의 공찰(公刹)이다. 대적광전이 완공되고 2년 후 약천사는 토지와 건축물을 종단에 이전·등록했던 것이다. 개인의 재산이 아니라 삼보(三寶)의 영원한 자산으로 남긴 것이다. 그 노력을 인정 받아 2007년에는 정부로부터 전통사찰로 지정되기도 했다.

중생 제도를 위한 도량 건설의 원력은 크고 간절했으나, 혜인 스님을 비롯한 약천사 대중의 개인적 행보는 무소유라는 수행자의 삶에 충실했던 것이다. 약천사 대적광전의 위용이 거북하지 않은 것은 그 때문일 수도 있겠다.

약천사는
대한불교 조계종 소속의 극락도량이다. 12만㎡ 대지에 대적광전과 지하로 연결된 숙소와 식당·내섬 능이 있는 3층 높이의 요사채와 굴법당·삼성각·사리탑·대형분수대·연못 같은 시설이 있다. 전면에 보이는 제주도 앞바다의 광활한 풍광이 일품이다. 사찰 이름은 봄부터 가을까지 물이 솟는 샘물과 사철 흐르는 약수가 있는 연못 때문에 지어졌다. 제주특별자치도 서귀포시 대포동 1165. 064-738-5000.

여기서는
그대
신을
벗어라

인쇄 | 2010년 7월 26일
펴냄 | 2010년 8월 10일

글·사진 | 임 광 명
펴 낸 이 | 오 세 룡
펴 낸 곳 | 클리어마인드_(주)지오비스
등록번호 | 제 300-2005-54호
주   소 | 서울시 종로구 수송동 58 두산위브파빌리온 736호
전   화 | 02)2198-5151, 팩스 | 02)2198-5153
디 자 인 | 현대북스 051)244-1251

ISBN 978-89-93293-19-7   03200

클리어마인드는 (주)지오비스의 출판브랜드입니다.
이 책은 저작권 법에 따라 보호받는 저작물이므로 무단전재와 복제를 금지하며,
이 책 내용의 전부 또는 일부를 이용하려면
반드시 저작권자 클리어마인드_ (주)지오비스의 서면동의를 받아야 합니다.

정가 14,800원